分数阶复杂动态网络的控制与同步设计

马维元◎著

Control and Synchronization Design of Fractional Complex Dynamic Networks

中国科学技术出版社
·北京·

图书在版编目（CIP）数据

分数阶复杂动态网络的控制与同步设计 / 马维元著. -- 北京 : 中国科学技术出版社，2023.9

ISBN 978-7-5236-0348-2

Ⅰ. ①分… Ⅱ. ①马… Ⅲ. ①计算数学—研究 Ⅳ. ①O24

中国国家版本馆 CIP 数据核字(2023)第 220046 号

策划编辑　王晓义
责任编辑　杨　洋
封面设计　中文天地
正文设计　马维元
责任校对　邓雪梅
责任印制　徐　飞

出　　版　中国科学技术出版社
发　　行　中国科学技术出版社有限公司发行部
地　　址　北京市海淀区中关村南大街 16 号
邮　　编　100081
发行电话　010-62173865
传　　真　010-62173081
网　　址　http://www.cspbooks.com.cn

开　　本　720mm×1000mm 1/16
字　　数　179 千字
印　　张　10.75
版　　次　2023 年 9 月第 1 版
印　　次　2023 年 9 月第 1 次印刷
印　　刷　涿州市京南印刷厂
书　　号　ISBN 978-7-5236-0348-2/O·219
定　　价　56.00 元

前　言

分数阶微积分是数学的一个重要分支，几乎和经典微积分同时出现。在1695年，法国数学家L'Hopital收到德国数学家Leibniz的一封信，探讨当导数的阶变为1/2时，意义是什么？当时Leibniz也不知道定义与意义，只是回复道:“这会导致悖论，不过终有一天将会得到有用的结果。”狭义上，分数阶微积分主要包括分数阶微分与分数阶积分。广义上，分数阶微积分包括分数阶差分、分数阶和商等。之后的3个世纪中，分数阶微积分理论的研究主要集中在纯数学领域。但是最近几十年里，分数阶微积分被发现可以用于刻画具有记忆和遗传性质的材料和过程，这些性质在经典模型中往往被忽略。目前，分数阶微积分相关理论正处于快速发展期，已经被运用到了很多研究领域，如光学和热学系统，流变学及材料和动力系统，信号处理和系统辨识，控制和机器人等。

复杂网络是理解现实世界复杂系统的一种抽象模型。它将复杂系统中的个体抽象成节点，将个体之间的连接关系抽象成边。自2000年以来,复杂网络的研究是一个年轻且活跃的研究领域。大量自然界和人类社会中的系统都可以通过复杂的网络刻画，例如航空网络、电力网络、社会网络、生物网络、城市公交网络等。学者们研究复杂网络的目的是理解复杂网络上的动力学行为，预测复杂网络的变化趋势。复杂网络的同步与控制有助于理解和解决自然、社会中的许多问题，是复杂网络上非常典型的集体行为，也是复杂网络中最重要的动力学特征之一。

分数阶微积分和复杂网络的交叉与融合，可以更好地刻画模型所具有的记忆和遗传性质，也通过增加自由度丰富了网络的动力学行为。分数阶复杂动态网络的同步与控制有着更加广阔的应用空间。此外，分数阶复杂网络同步的一般性，使得分数阶复杂网络的同步成为一个富有挑战性的领域，如何设计合理的控制器，以减少控制成本、加快或减缓同步速度，值得关注。

本书致力于介绍分数阶复杂网络同步的基础知识和研究进展，具有很强的跨学科特点，而且，与其相关的新的问题和研究成果不断涌现。本书介绍了复杂网络及其同步控制方法、经典分数阶导数及其性质，探讨了分数阶复杂网络的变量替换控制、拓扑识别、有限时间同步，回火分数阶复杂网络及其同步，Hadamard 型分数阶复杂网络及其同步，离散分数阶复杂网络及其同步，但在内容的选取上也不可避免地反映了作者的偏好。另外，为了方便读者阅读，本书对很多基础定理给出了证明过程。

本书的研究工作和撰写得到了中央高校基本科研业务费服务紧缺急需学科建设专项 (31920220041) 经费和甘肃省自然科学基金项目 (22JR5RA184) 的资助，在此表示衷心感谢。此外，感谢我的研究生李志明、马努日、代常平等为本书的出版所做出的贡献。

本书适合从事分数阶复杂网络同步研究的科研人员参考和阅读。但由于作者水平有限, 书中定有许多不足之处, 敬请读者批评指正。

作　者
西北民族大学
2023 年 8 月

目　　录

第1章 复杂网络及其同步控制方法

自然界中存在的大量复杂系统都可以通过各种各样的网络加以描述. 一个典型的网络是由很多节点与连接两个节点之间的一些边组成的，其中节点代表真实系统中不同的个体，而边则代表个体间的连接关系，两个节点之间具有某种特定的关系就连一条边，反之则不连边，有边相连的两个节点在网络中被看作是相邻的. 网络广泛存在于自然、生物、工程、人类社会中，如食物链网络、蛋白质网络、新陈代谢网络、万维网、电力网等. 深入研究这些复杂网络，可以揭示隐藏在自然界、生物界和人类社会等中的共同和特有的规律.

用网络的观点描述客观世界这个方法起源于 1736 年，瑞士数学家 Euler 解决了哥尼斯堡七桥问题. 20 世纪 50 年代末 60 年代初，匈牙利数学家 Erdös 和 Rényi (ER) 在图论领域的开创性工作 — 随机图理论，被认为是复杂网络理论系统性研究的先驱. 然后，20 世纪的后 40 年中数学家在图论基础上展开了对复杂网络的研究. 1998 年，Watts 和 Strogatz 引入了小世界 (Small-World) 网络模型[1]，揭示了复杂网络的小世界特征. 1999 年，Barabási 和 Albert 指出[2]许多实际的复杂网络具有幂律形式的连接度分布，且幂律分布没有明显的特征长度，该类网络被称为无标度 (Scale-Free) 网络. 由于上述两项创造性工作，掀起了研究复杂网络的热潮.

复杂网络的研究主要概括为三个方面：通过实证方法度量网络的统计性质；构建相应的网络模型来理解这些统计性质；在已知网络结构特征及其形成规则的基础上，分析动力学特征，预测网络系统的行为.

1.1 常见的网络模型

1.1.1 规则网络

全局耦合网络 (globally coupled network)、最近邻耦合网络 (nearest-neighbor coupled network) 和星形耦合网络 (star coupled network) 等是几种比较常见的规则网络. 在全局耦合网络中, 任意两个节点之间都有边直接相连 [见图 1.1 (a)].

从而相对于具有相同节点数 N 的所有网络来说, 全局耦合网络有最小的平均路径长度 $L_{gc}=1$, 和最大的聚类系数 $C_{gc}=1$. 然而大多数实际网络都是很稀疏的, 因此全局耦合网络具有比较明显的局限性.

最近邻耦合网络是一个相对来说比较稀疏的规则网络. 该网络的每一个节点只和它左右各 $K/2$ (K 为偶数)个的邻居节点相连 [见图 1.1 (b)]. 当 K 比较大时, 最近邻耦合网络的聚类系数为

$$C_{nc}=\frac{3(K-2)}{4(K-1)}\approx\frac{3}{4}.$$

从而该网络是高度聚类的. 然而最近邻耦合网络并不具有小世界特征, 该网络的平均路径长度为

$$L_{nc}\approx\frac{N}{2K}\to\infty\ (N\to\infty).$$

星形耦合网络只有一个中心节点, 其他的 $N-1$ 个节点都只和该中心节点相连接 [见图 1.1 (c)]. 该网络的平均路径长度为

$$L_{star}=2-\frac{2}{N}\to 2\ (N\to\infty).$$

星形耦合网络是一个比较特殊的网络. 这里假定只有一个邻居节点的节点聚类系数为 1, 则星形耦合网络的聚类系数为 1.

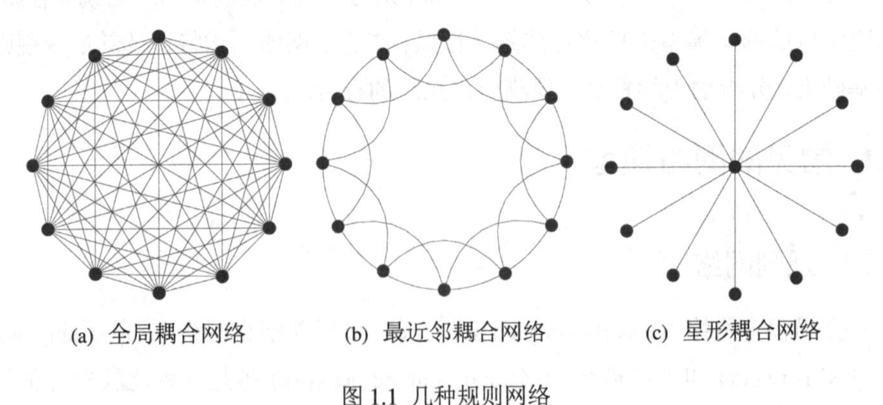

(a) 全局耦合网络　(b) 最近邻耦合网络　(c) 星形耦合网络

图 1.1 几种规则网络

1.1.2 随机网络

一个比较典型的随机网络模型是由两位匈牙利数学家 Erdös 和 Rényi 于 20 世纪 60 年代提出的 ER 随机图模型. 后来, 给出了另一种和 ER 随机图模型等价的随机网络模型. 该模型的定义为: 首先给定网络的节点数目为 N, 然后以相同的概率 p 来连接网络中的任意节点对, 最后形成的网络边数的期望值是 $pN(N-1)/2$. 该随机网络的平均度为 $\langle k\rangle = p(N-1) \approx pN$, 网络的平均路径长度为 $L_{\text{ER}} \sim \ln N/\ln\langle k\rangle$, 聚类系数为 $C_{\text{ER}} = p$, 度分布可用 Poisson 分布来表示. 随机网络见图 1.2. 虽然随机网络具有较小的平均路径长度, 但是它的聚类系数也比较小, 而很多实际网络都具有比较明显的聚类特性, 因此用随机网络作为实际网络的模型具有比较明显的缺陷.

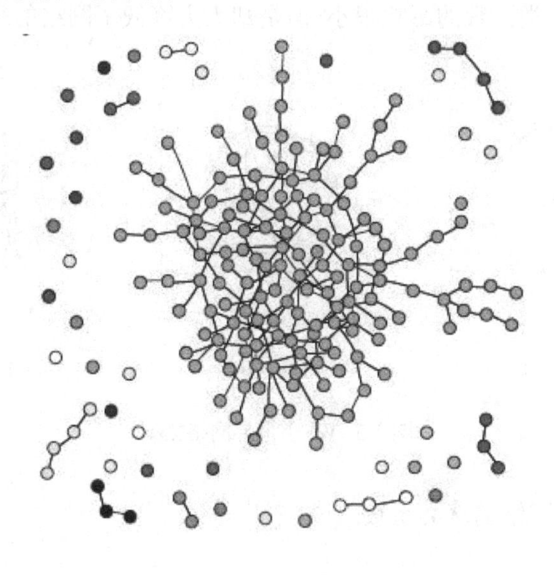

图 1.2 随机网络

1.1.3 小世界网络模型

近年来, 随着计算机数据处理与计算能力的不断提高, 科学家们发现许多的实际网络既不是完全规则的, 也不是完全随机的, 而是具有其他的拓扑特征.

1998 年, Watts 和 Strogatz 提出了一个具有较大的聚类系数和较小的平均路径长度的小世界网络模型 (WS 小世界网络模型). 该模型由一个具有 N 个节点, 平均度为 $\langle k\rangle$ 的最近邻耦合网络开始, 然后以概率 p 对网络中的每条边随机进行重新连接 (自环和重边除外). 重新连接的边称为"长程连接", 这些长程连接大大地减小了该网络的平均路径长度, 同时对该网络的聚类系数的影响很小. 对于该模型, 当 $p=0$ 时, 该网络仍然为最近邻耦合网络; 当 $p=1$ 时, 网络中所有的边都随机重新连接, 该网络变为完全随机网络; 当 $0<p<1$ 时, 则该网络是一个介于规则网络和随机网络之间的网络 [见图 1.3]. 由 WS 小世界网络模型的构造算法可知, 该模型的聚类系数 $C(p)$ 和平均路径长度 $L(p)$ 都可以看作是关于重连概率 p 的函数. 图 1.4 给出了 WS 小世界网络模型的聚类系数 $C(p)$ 和平均路径长度 $L(p)$ 关于重连概率 p 的变化关系. 此时, 当重连概率 p 比较小时, 随机产生的重连边对聚类系数的影响很小, 但是却大大降低了网络的平均路径长度.

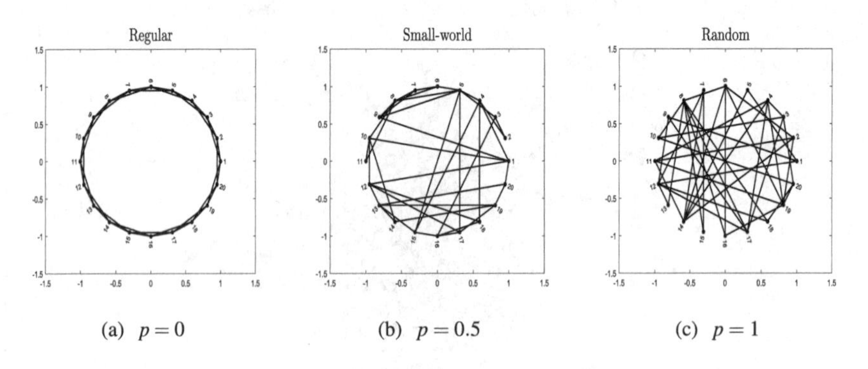

(a) $p=0$　(b) $p=0.5$　(c) $p=1$

图 1.3 WS小世界网络模型

WS 小世界网络的聚类系数:

$$C(p)=\frac{3(K-2)}{4(K-1)}(1-p)^3.$$

关于 WS 小世界网络的平均路径长度的计算是一个比较困难的问题. 不过, Newman 等人利用重正化群方法得到了下面的公式:

$$L(p)=\frac{2N}{K}f(NKp/2),$$

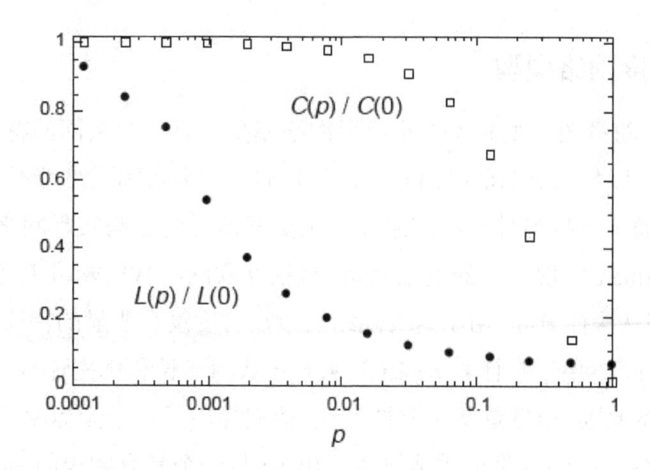

图 1.4 WS 小世界网络模型的聚类系数 $C(p)$ 和平均路径长度 $L(p)$ 随重连概率 p 的变化关系

其中, $f(x)$ 为一普适标度函数, 并且满足

$$f(x)=\begin{cases}\text{constant}, & x\ll 1,\\ (\ln x)/x, & x\gg 1.\end{cases}$$

不久之后, Newman、Moore 和 Watts 用平均场方法得到了如下的近似表达式:

$$f(x)\approx\frac{1}{2\sqrt{x^2+2x}}\operatorname{arctanh}\sqrt{\frac{x}{x+2}}.$$

由于 WS 小世界网络构造过程中的随机化重连有可能破坏网络的连通性. Newman 和 Watts 提出了一个改进模型 — NW 小世界网络模型. 该模型用“随机化加边”来取代“随机化重连”, 即在原来的最近邻耦合网络的基础上, 以概率 p 在随机选取的不相连的节点对之间加上一条边. 显然, $p=1$ 时, 该网络为全局耦合网络. NW 小世界网络模型的聚类系数为

$$C(p)=\frac{3(K-2)}{4(K-1)+4Kp(p+2)}.$$

1.1.4 无标度网络模型

由于 ER 随机图模型和 WS 小世界网络模型都有一个共同的特征, 就是网络的度分布近似服从 Poisson 分布, 这使得它们与许多实际网络都不相符. 因此, 科学家只好通过寻找另外一种网络模型来更好地描述这些实际网络. 1999 年, Barabási 和 Albert 发现许多的复杂网络 (包括互联网、WWW 和新陈代谢网络等) 的节点服从幂律分布. 由于这类网络的节点的度没有明显的特征长度, 它们也可称为无标度网络, 并且 Barabási 和 Albert 认为增长和优先连接是无标度网络形成的根本原因. 根据这两个重要特性, 他们提出了一个无标度网络模型 — BA 模型, 见图 1.5. 该模型的生成过程给出为: 从一个具有较少的 m_0 个节点的网络出发, 每次增加一个新的节点, 同时将该节点连接到 $m(m \leqslant m_0)$ 个旧节点上; 一个新节点与一个旧节点 i 的连接概率 Π_i 正比于旧节点 i 的度 k_i, 即

$$\Pi_i = \frac{k_i}{\sum_j k_j}.$$

一直不停地重复以上步骤, 直到网络达到一个稳定演化状态. 此时网络节点的度分布服从指数为 3 的幂律分布. BA 无标度网络的平均路径长度为

$$L \propto \frac{\ln N}{\ln \ln N}.$$

该式表明该网络具有小世界特征. BA 无标度网络的聚类系数为

$$C = \frac{m^2(m+1)^2}{4(m-1)}\left[\ln\left(\frac{m+1}{m}\right) - \frac{1}{m+1}\right]\frac{(\ln t)^2}{t}.$$

从而当网络规模充分大时, BA 网络并不具有明显的聚类特征.

进一步地, Albert、Jeong 和 Barabási 比较了 ER 随机图和 BA 无标度网络连通性对节点去除的鲁棒性, 并研究了互联网和 WWW 网络对蓄意攻击和随机故障的鲁棒性. 他们发现对蓄意攻击的脆弱性和对随机故障的鲁棒性是无标度网络的一个基本特征.

图 1.5 无标度网络

1.2 复杂网络同步控制的基本方法

复杂网络主要研究个体之间的微观作用导致系统产生的宏观现象. 复杂网络把整个系统作为研究对象，专注于系统中个体的相互作用，预言复杂系统丰富的整体行为，包括自组织特性、涌现、混沌同步等. 当前, 科学技术发展迅速，以网络的观点研究各种复杂现象已经成为必然趋势. 复杂网络的研究已经渗透到自然科学和社会科学的各个方面, 突破了学科之间的界限, 极大地推动了数学、物理学、化学、生物学、信息工程、社会科学等多学科的交叉和发展. 因此，复杂网络研究具有重要的理论和实际意义.

随着复杂网络的研究不断深入，人们研究复杂网络的目标之一就是理解复杂网络上的动力行为，预测复杂网络的变化趋势，例如传染病在复杂网络上的传播，如何提高传输信息包的效率，大型电力网络的局部故障导致连锁性大停电事故，等等. 目前，对复杂网络的动力学研究中，最引起人们关注的是复杂网络的同步问题，也是当前复杂网络研究的热点问题之一.

同步是指单个或者多个动力学系统，自身随着时间演化，系统之间还相互发生作用（耦合）. 这种作用是单向的，或者是双向的. 当满足一定条件时，在耦合作用或控制器的作用下，这些系统的运动状态逐渐趋于相同. 为了更能体现动力系统动力学行为的复杂性，一般将节点动力选择成混沌系统. 复杂网络的同步现象广泛存在于自然界中和人类社会生活中. 在 1665 年，数学家、物理学家惠更斯（Christiaan Huygens）发现一种奇怪的现象，两个并排悬挂在墙上的挂钟会出现趋于同步. 钟摆会按照相同的频率摆动；当这种节奏被打破时，这种规律会在一个半小时之内恢复并且无限期保持. 惠更斯正确推断了这种现象的关键在于通过悬挂其上的横梁相互作用. 除了两个个体的相互同步以外，大规模个体的同步现象更值得关注. 一棵树上的萤火虫会同时闪烁、精彩节目结束时掌声从杂乱无章到有节奏响起、心脏瓣膜同时收缩、蟋蟀齐鸣, 等等. 同步还在激光系统、超导材料、通信系统中发挥着重要的作用. 有些同步对人类的生活是有害的. 例如 2000 年，伦敦千年桥落成，拥挤的人群通过大桥，共振使得大桥发生振动；互联网上每个路由器都可以决定自身什么时候发送消息，但研究人员发现路由器一段时间后会以同步的方式发送消息，最终造成网络阻塞. 因此，为了更好地让复杂网络同步服务于人类，同步控制就显得尤为重要.

随着对复杂网络同步控制研究的不断深入, 产生了许多的控制方法. 这些方法可以分为两大类：第一类是传统控制方法（PID 控制、解耦控制）；第二类是现代控制策略(线性控制、牵制控制、脉冲控制、间歇控制、样本控制、模型预测控制、模糊控制等). 随着网络的复杂程度以及对控制精度和性能要求的不断提高，现代控制策略扮演着更重要的角色. 牵制控制是从网络结构的角度来看，其他几种控制策略是从设计方法和实现手段进行的划分，所以在实际应用当中牵制控制与其他控制策略相结合产生了脉冲牵制控制、间歇牵制控制等控制方法.

1.2.1 牵制控制

牵制控制是一种经典的控制方法，主要是通过控制复杂网络系统中的少数节点来控制整个复杂网络，一般会使用线虫神经元和生物族群蜂拥现象等典型例子来解释这种控制方法. 例如，线虫是生物界中一种具有相对简单神经系统的生物，因此对线虫神经系统的认识就比较清楚，线虫的神经系统共有约 300

个神经元和约 2400 条神经连线，而通过刺激少数（平均约 49 个）神经元就可达到控制全身神经的目的. 这些神经元仅占线虫全身神经元的 17%, 属于少数个体, 但通过对这些少数个体的控制却可以达到控制整个系统的目的.

随着复杂网络结构复杂度的提高, 网络的全局信息很难全部掌握，对网络中每一个节点施加控制非常困难，也不能满足控制成本的要求，这种通过局部控制来实现对复杂网络进行全局控制的方法成为研究的热点. 大量的研究证明,选择适当的耦合强度和反馈增益是可以实现的.

汪小帆和陈关荣等人在 2002 年首次提出了牵制控制[3]，分析了无标度网络的幂律分布特性，并提出了局部施加反馈控制来对无标度复杂网络进行控制，还给出了仿真试验结果，从理论和数值上都严格验证了局部控制的可行性. 除此之外，文章中还给出了一种控制器的放置方法，即在度数大的节点上放置控制器更有效. 陈关荣等人在 2005 年发表论文[4], 提出了如下的牵制控制复杂动态网络模型：

$$\begin{cases} \dot{\boldsymbol{x}}_i(t)=\boldsymbol{f}(\boldsymbol{x}_i(t))+c\sum\limits_{j=1}^{N}a_{ij}(t)\Gamma\boldsymbol{x}_j(t)+\boldsymbol{u}_i(t), & i=1,2,\cdots,l \\ \dot{\boldsymbol{x}}_i(t)=\boldsymbol{f}(\boldsymbol{x}_i(t))+c\sum\limits_{j=1}^{N}a_{ij}(t)\Gamma\boldsymbol{x}_j(t), & i=l+1,l+2,\cdots,N \end{cases} \tag{1.1}$$

其中 $0<\alpha\leqslant 1$ 是分数阶导数的阶；$\boldsymbol{x}_i(t)=(x_{i1}(t),\cdots,x_{in}(t))^{\mathrm{T}}\in\mathbb{R}^n$ 是节点 i 的状态向量；$\boldsymbol{f}(\boldsymbol{x}_i)=[f_1(x_i),f_2(x_i),\cdots,f_n(x_i)]^{\mathrm{T}}:\mathbb{R}^n\to\mathbb{R}^n$ 是光滑的非线性函数；$\Gamma\in\mathbb{R}^{n\times n}$ 是内部耦合矩阵, 决定了变量之间的相互作用；$\boldsymbol{A}=(a_{ij})_{N\times N}\in\mathbb{R}^{N\times N}$ 是耦合配置矩阵, 表示耦合强度和网络的拓扑结构. a_{ij} 定义如下：如果节点 i 和节点 $j\ (j\neq i)$ 之间存在连接，则 $a_{ij}>0$，否则 $a_{ij}=0\ (j\neq i)$；矩阵 $\boldsymbol{A}$ 的对角元定义为

$$a_{ii}=-\sum_{j=1,j\neq i}^{N}a_{ij}.$$

另外，$\boldsymbol{u}_i(t)$ 是控制器，l 表示受控节点个数. 此外，论文给出了两种常见的控制节点选取方案，一种是按照节点度由高到低选取网络中的一些节点进行控制，另一种是随机选取一部分节点进行控制.

1.2.2 脉冲控制

脉冲控制主要指在离散时刻对系统施加控制的方法. 该方法主要包含两个要素: ① 脉冲控制时刻, 即在什么时刻对系统施加控制; ② 脉冲控制律, 即在脉冲时刻施加什么样的控制规律.

1960 年，V. Mil'man 和 A. Myshkis 提出了脉冲微分方程, 用于描述演化过程中状态在某些时刻发生跳跃性突变的现象[5]. 这类系统能够考虑瞬间突变对系统动力学行为的影响, 能够比较精确地反映控制系统状态的变化. 脉冲效应对系统的影响是不能忽略的, 并且脉冲系统属于一类混杂系统, 在航空航天、信息科学、工程控制、生物学、医学等领域有着广泛应用, 吸引了很多专家学者投身到这个研究领域, 经过几十年的发展, 这方面的理论已经逐步完善. 值得关注的是, V. Lakshmikantham 等人[6] 出版了著作 *Theory of Impulsive Differential Equations*, 系统归纳和总结了一些脉冲系统的基本理论及其应用. 在此基础上, Tao Yang[7] 出版了著作 *Impulsive Control Theory*，为后来的脉冲控制理论的研究和发展起到了理论指导作用. 在基于脉冲控制的同步策略中, 驱动系统的状态信息只在一些离散时刻被传递到响应系统中, 就可以实现同步, 相比连续信息传输, 这种控制方法降低了对信息传输的需求, 控制成本较低. 脉冲控制作为一种控制策略在安全保密通信中具有独特优势, 可以与传统的加密技术相结合, 使加密信息更加安全. 最后，给出一个典型的复杂网络的脉冲控制模型.

$$\begin{cases} \dot{\boldsymbol{x}}_i(t)=\boldsymbol{f}_i(\boldsymbol{x}_i(t))-\varepsilon\sum\limits_{j=1}^{N}a_{ij}(\boldsymbol{x}_i-\boldsymbol{x}_j), & t\neq t_k \\ \Delta\boldsymbol{x}_i(t_k)=\boldsymbol{B}_k\boldsymbol{x}_i(t_k), & k=1,2,\cdots \\ \boldsymbol{x}_i(t_0^+)=\boldsymbol{x}_{i0}, & i=1,2,\cdots,N \end{cases} \tag{1.2}$$

其中,

$$\begin{cases} \Delta\boldsymbol{x}_i(t_k)=\boldsymbol{x}_i(t_k^+)-\boldsymbol{x}_i(t_k^-), \\ \boldsymbol{x}_i(t_k^+)=\lim\limits_{t\to t_k^+}\boldsymbol{x}_i(t), \\ \boldsymbol{x}_i(t_k^-)=\lim\limits_{t\to t_k^-}\boldsymbol{x}_i(t). \end{cases} \tag{1.3}$$

若 $\boldsymbol{x}_i\left(t_k^-\right)=\boldsymbol{x}_i\left(t_k\right)$，脉冲控制序列$\{t_k\}_{k=1}^{+\infty}$ 满足

$$0\leqslant t_1<t_2<\cdots<t_k<t_{k+1}<\cdots,\quad \lim_{k\to+\infty}t_k=+\infty \tag{1.4}$$

且 $\boldsymbol{B}_k\in\mathbb{R}^{n\times n}$ 表示脉冲控制增益矩阵.

1.2.3 自适应控制

自适应控制是指控制器可以通过调整自身的参数来适应受控网络本身或受控网络受到所处的环境扰动影响的一种控制手段，早期的自适应控制只是在对具体问题设计解决方案时的一种手段,并未形成相关的理论体系.随着对复杂网络系统控制的发展以及许多学者对这一方法的控制结构、稳定性等方面进行深入研究并取得了突破,使得自适应控制理论的研究进入了系统化的阶段.对于复杂动力网络:

$$\dot{\boldsymbol{x}}_i(t)=\boldsymbol{f}(\boldsymbol{x}_i(t))+c\sum_{j=1}^{N}g_{ij}\Gamma\boldsymbol{x}_j(t)+\boldsymbol{u}_i(t), \tag{1.5}$$

其中 $i=1,2,\cdots,N$. 我们可以提出如下的自适应控制器:

$$\begin{cases}\boldsymbol{u}_i(t)=-m_i\boldsymbol{e}_i,\\ \dot{m}_i=n_i\|\boldsymbol{e}_i\|_2^2.\end{cases}$$

1.2.4 间歇控制

复杂网络同步控制的方法多种多样，间歇控制是一种容易实现且能量消耗较小的控制方法. 最初间歇控制被应用于经济学领域，近年来间歇控制在管理系统、医疗系统等领域都有应用. 下面在复杂网络 (1.5) 的基础上，给出一种典型的间歇控制器：

$$\boldsymbol{u}_i(t)=\begin{cases}-k_i(t)\boldsymbol{e}_i(t), & t\in[kT,kT+h],\\ 0, & t\in[kT+h,(k+1)T].\end{cases} \tag{1.6}$$

从模型可以直观地看出间歇控制与前面的牵制控制、自适应控制不同，这两种控制方法都是连续的. 间歇控制与脉冲控制类似，是非连续的, 在固定周期内施加控制，在其他时间, 控制器对受控网络不施加控制. 而脉冲控制与间歇控制的不同在于脉冲控制是在特定时间点施加控制，间歇控制是在特定时间段内施加控制，间歇控制也被认为是一种介于脉冲控制和连续控制方法之间的过渡. 间歇控制在某些情况下比连续控制方法更加经济高效. 但在降低成本和能耗的同时也带来了控制性能降低的问题, 使稳定控制系统所需要的时间更长.

第2章　经典分数阶导数及其性质

分数微积分是研究任意阶(分数阶、复数阶)微分和积分性质及其应用的理论. 分数阶微积分是和整数阶微积分几乎同时诞生的. 早在 1695 年，Leibniz 在写给 L'Hospital 的信中提出:“整数阶导数的概念能否自然地推广到非整数情形?”L'Hospital 对这个问题很有兴趣，回信中指出:“如果求导的次数为 $\frac{1}{2}$，那将得到怎样的结果呢?”在同年的 9 月 30日，Leibniz 给 L'Hospital 的回信中写道:“这会导致悖论，不过总有一天会得到有用的结果.”因此，1695 年 9 月 30 日被认定为分数阶微积分的诞生日.

直到 1819 年，Lacroix首次给出了 $\frac{1}{2}$ 阶分数阶导数的一个简单结果：$\frac{\mathrm{d}^{\frac{1}{2}}x}{\mathrm{d}x^{\frac{1}{2}}}=\frac{2\sqrt{x}}{\sqrt{\pi}}$. 从 19 世纪初开始，经过 Riemann, Liouville, Leibniz, Abel, Fourier, Letnikov 等数学家的系统研究，分数阶微分方程被广泛应用到光学、热学、流变学、材料和力学系统、信号处理和系统识别、控制和机器人等自然与科学的各个领域.

分数阶微积分不仅是经典微积分的推广，而且在刻画一些自然和社会现象时, 分数阶模型比相应的整数阶模型更加精确. 分数阶微分方程的优势在于其非局部性和长记忆性，其可以精确刻画物理和工程中的记忆和遗传性质[8–10].

2.1　特殊函数及其变换

特殊函数在分数阶微积分的定义及运算中起着重要作用，下面介绍几类特殊函数及变换.

2.1.1　Gamma 函数

Gamma 函数（伽马函数)，也称为欧拉第二积分，是阶乘函数的推广. 该函数在分数阶微积分、分析学、概率论、偏微分方程、组合数学中有着重要应用.

Gamma 函数 $\Gamma(z)$ 的定义包括三种主要形式.

定义 2.1　Gamma 函数的积分定义式、极限定义式、曲线积分定义式分别为

$$\Gamma(z)=\int_0^{\infty}\mathrm{e}^{-t}t^{z-1}\mathrm{d}t,\qquad Re(z)>0. \tag{2.1}$$

$$\Gamma(z)=\lim_{n\to\infty}\frac{n!\cdot n^z}{z(z+1)\cdots(z+n)},\qquad Re(z)>0. \tag{2.2}$$

$$\Gamma(z)=\frac{1}{\mathrm{e}^{2\pi iz}-1}\int_C \mathrm{e}^{-t}t^{z-1}\mathrm{d}t,\qquad Re(z)>0, \tag{2.3}$$

其中积分曲线 C 为 Cauchy 曲线.

上述定义可以利用解析开拓原理拓展到整个复数域内非正整数 $z=0,-1,-2,\cdots$ 以外的点上，并且可以证明三种形式是等价的.

定理 2.1 Gamma 函数的常用性质：

(i) 递推关系：$\Gamma(z+1)=z\Gamma(z)$;

(ii) $\Gamma(z)\Gamma(1-z)=\dfrac{\pi}{\sin(\pi z)}$;

(iii) $\Gamma(z)\Gamma(-z)=\dfrac{-\pi}{z\sin(\pi z)}$;

(iv) $\Gamma(-n)=\infty, n=0,1,\cdots;\Gamma(n)=(n-1)!$;

(v) 令 $S(x)=x^{x-\frac{1}{2}}\mathrm{e}^{-x}$, 则对于 $x>0, \sqrt{2\pi}S(x)\leqslant\Gamma(x)\leqslant\sqrt{2\pi}S(x)\mathrm{e}^{1/(12x)}$;

(vi) $\Gamma\left(\dfrac{1}{2}\right)=\sqrt{\pi},\Gamma\left(-\dfrac{1}{2}\right)=-2\sqrt{\pi},\Gamma(0)=\pm\infty$.

常用的几种可化为 Gamma 函数的积分：

$$\int_0^\infty t^{z-1}\mathrm{e}^{-\lambda t}\mathrm{d}t=\int_0^1\left(\ln\frac{1}{t}\right)^{z-1}t^{\lambda-1}\mathrm{d}t=\lambda^{-z}\Gamma(z),\lambda>0,$$

$$\int_0^\infty t^{2z-1}\mathrm{e}^{-t^2}\mathrm{d}t=\frac{1}{2}\Gamma(z),$$

$$\int_0^{\frac{\pi}{2}}\sin^n t\mathrm{d}t=\int_0^{\frac{\pi}{2}}\cos^n t\mathrm{d}t=\frac{\sqrt{\pi}}{2}\frac{\Gamma\left(\dfrac{n+1}{2}\right)}{\Gamma\left(\dfrac{n}{2}+1\right)},n>-1.$$

2.1.2 Beta 函数

在概率统计和其他应用学科中，经常会用到 Beta 函数（贝塔函数），有的反常积分的计算最后也会归结为 Beta 函数，Beta 函数又称为第一类欧拉积分.

定义 2.2 Beta 函数的定义式为

$$B(p,q)=\int_0^1 \tau^{p-1}(1-\tau)^{q-1}\mathrm{d}\tau,\quad Re(p)>0, Re(q)>0.$$

定理 2.2 Beta 函数有如下的性质:

(i) $B(p,q)=B(q,p), B(p,q)=B(p+1,q)+B(p,q+1)$;

(ii) $B(p,q)B(p+q,r)=B(q,r)B(q+r,p)=B(r,p)B(p+r,q)$;

(iii) $B(1,1)=1, B(\frac{1}{2},\frac{1}{2})=\pi, B(2,1)=\frac{1}{2}, B(2,2)=\frac{1}{6}$;

(iv) $B(p,q)=\dfrac{\Gamma(p)\Gamma(q)}{\Gamma(p+q)}$.

几种常见的可化为 Beta 函数的积分:

$$\int_a^b (\tau-a)^{p-1}(b-\tau)^{q-1}\mathrm{d}\tau=(b-a)^{p+q-1}B(p,q),\quad b>a, Re(p)>0, Re(q)>0.$$

$$\int_0^1 \tau^{\nu-1}(1-\tau^{\lambda})^{\beta-1}\mathrm{d}\tau=\frac{1}{\lambda}B(\frac{\nu}{\lambda},\beta),\quad Re(\nu)>0, Re(\beta)>0, \lambda>0.$$

$$\int_0^\infty \frac{\tau^{m-1}}{(1+b\tau^a)^{m+n}}\mathrm{d}\tau=a^{-1}b^{-\frac{m}{a}}B(\frac{m}{a},m+n-\frac{m}{a}), a>0, b>0.$$

2.1.3 Mittag-Leffler 函数

Mittag-Leffler 函数主要包括单参数情形和双参数情形. Mittag-Leffler 函数是指数函数的推广，Mittag-Leffler 函数在分数阶微积分的研究中起着重要作用.

定义 2.3 单参数的 Mittag-Leffler 函数 $E_\alpha(z)$定义为

$$E_\alpha(z)=\sum_{k=0}^{\infty}\frac{z^k}{\Gamma(k\alpha+1)},\quad \alpha>0, z\in\mathbb{C}. \tag{2.4}$$

双参数的 Mittag-Leffler 函数 $E_{\alpha,\beta}(z)$定义为

$$E_{\alpha,\beta}(z)=\sum_{k=0}^{\infty}\frac{z^k}{\Gamma(\alpha k+\beta)},\quad \alpha>0, \beta>0, z\in\mathbb{C}. \tag{2.5}$$

显然，当 $\beta=1$ 时，双参数的 Mittag-Leffler 函数退化为单参数的 Mittag-Leffler 函数，即 $E_{\alpha,1}(z)=E_\alpha(z)$.

双参数的 Mittag-Leffler 函数的求和表达形式有

$$E_{\alpha,\beta}(z)=\frac{1}{2m+1}\sum_{v=-m}^{m}E_{\alpha/(2m+1),\beta}\left(z^{1/(2m+1)}\mathrm{e}^{i2\pi v/(2m+1)}\right),\quad m\geqslant 0,\tag{2.6}$$

或

$$\sum_{v=0}^{m-1}E_{\alpha/m,\beta}(z\mathrm{e}^{i2\pi v/m})\mathrm{e}^{i2\pi v(m-n)/m}=mz^nE_{m\alpha,\beta+n\alpha}(z^m).\tag{2.7}$$

定理 2.3 Mittag-Leffler 函数有以下的一些性质：

(i) $E_1(z)=\sum\limits_{k=0}^{\infty}\dfrac{z^k}{\Gamma(k+1)}=\sum\limits_{k=0}^{\infty}\dfrac{z^k}{k!}=\mathrm{e}^z$;

(ii) $E_{1,2}(z)=\dfrac{\mathrm{e}^z-1}{z};E_{1,3}(z)=\dfrac{\mathrm{e}^z-1-z}{z^2}$;

(iii) $E_{\alpha,\beta}^{(k)}(z)=\sum\limits_{j=0}^{\infty}\dfrac{(j+k)!\cdot z^j}{j!\cdot\Gamma(\alpha j+\alpha k+\beta)},k=0,1,2,\cdots$;

(iv) $E_{1,m}(z)=\dfrac{1}{z^{m-1}}\left(\mathrm{e}^z-\sum\limits_{k=0}^{m-2}\dfrac{z^k}{k!}\right),\quad m\in\mathbb{N}$.

定理 2.4 Mittag-Leffler 函数的拉普拉斯变换有以下的一些性质：

(i) $\int_0^{+\infty}\mathrm{e}^{-t}\mathrm{e}^{\pm zt}\mathrm{d}t=\dfrac{1}{1\mp z},\quad |z|<1$;

(ii) $\int_0^{+\infty}\mathrm{e}^{-pt}t^{\alpha k+\beta-1}E_{\alpha,\beta}^{(k)}(\pm at^\alpha)\mathrm{d}t=\dfrac{k!\cdot p^{\alpha-\beta}}{(p^\alpha\mp a)^{k+1}},\quad Re(p)>|a|^{1/\alpha}$;

(iii) 当 $\alpha=\beta=\dfrac{1}{2}$ 时,

$$\int_0^{+\infty}\mathrm{e}^{-pt}t^{\frac{k-1}{2}}E_{1/2,1/2}^{(k)}(\pm a\sqrt{t})\mathrm{d}t=\frac{k!}{(\sqrt{p}\mp a)^{k+1}},\quad Re(p)>a^2.$$

定理 2.5 Mittag-Leffler 函数的求导公式如下：

(i) $\left(\dfrac{\mathrm{d}}{\mathrm{d}t}\right)^m\left(t^{\beta-1}E_{\alpha,\beta}(t^\alpha)\right)=t^{\beta-m-1}E_{\alpha,\beta-m}(t^\alpha),\quad m=1,2,\cdots$;

(ii) $\left(\frac{\mathrm{d}}{\mathrm{d}t}\right)^m \left(t^{\beta-1}E_{m/n,\beta}(t^{m/n})\right) = t^{\beta-1}E_{m/n,\beta}(t^{m/n}) + t^{\beta-1}\sum_{k=1}^{n}\frac{t^{-mk/n}}{\Gamma(\beta-mk/n)}$, $m=1,2,\cdots$;

(iii) $\frac{1}{n}\frac{\mathrm{d}}{\mathrm{d}z}(z^{(\beta-1)n}E_{1/n,\beta}(z)) = z^{\beta n-1}E_{1/n,\beta}(z) + z^{\beta n-1}\sum_{k=1}^{n}\frac{z^{-k}}{\Gamma(\beta-k/n)}$, $n=1,2,\cdots$.

2.2 经典分数阶导数的定义

目前，比较常见的分数阶导数的定义主要有 Riemann-Liouville 定义和 Caputo 定义. 下面给出分数阶积分和两类分数阶导数的定义[8].

定义 2.4 函数 f 的 α 阶分数阶积分定义为

$$D_{a,t}^{-\alpha}f(t) = \frac{1}{\Gamma(\alpha)}\int_a^t (t-\tau)^{\alpha-1}f(\tau)\mathrm{d}\tau,$$

其中 $t \geqslant t_0$, $\alpha > 0$.

定义 2.5 函数 f 的 α 阶的 Riemann-Liouville (R–L) 导数定义为

$$D_{a,t}^{\alpha}f(t) = \frac{1}{\Gamma(m-\alpha)}\frac{\mathrm{d}^m}{\mathrm{d}t^m}\int_a^t \frac{f(\tau)}{(t-\tau)^{\alpha-m+1}}\mathrm{d}\tau,$$

其中 $m-1<\alpha<m\in\mathbb{Z}^+$.

定义 2.6 函数 f 的 α 阶的 Caputo 导数定义为

$$_CD_{a,t}^{\alpha}f(t) = \frac{1}{\Gamma(m-\alpha)}\int_a^t (t-\tau)^{m-\alpha-1}f^{(m)}(\tau)\mathrm{d}\tau,$$

其中 $m-1<\alpha<m\in\mathbb{Z}^+$.

2.3 两种经典分数阶导数之间的关系

上一节主要介绍 R–L 分数阶导数定义和 Caputo 分数阶导数定义. 下面讨论这两类分数阶导数定义的联系与区别[8].

假设 $f(t)$ 是 m 阶可微的，若 $0<m-1\leqslant\alpha<m$，运用分部积分公式和积分求导公式,可得

$$\begin{aligned}D_{a,t}^{\alpha}f(t)&=\frac{1}{\Gamma(m-\alpha)}\frac{\mathrm{d}^m}{\mathrm{d}t^m}\int_a^t\frac{f(\tau)}{(t-\tau)^{\alpha-m+1}}\mathrm{d}\tau\\&=\sum_{k=0}^{m-1}\frac{f^{(k)}(a)(t-a)^{k-\alpha}}{\Gamma(1+k-\alpha)}+\frac{1}{\Gamma(m-\alpha)}\int_a^t\frac{f^m(\tau)}{(t-\tau)^{\alpha-m+1}}\mathrm{d}\tau\\&=\sum_{k=0}^{m-1}\frac{f^{(k)}(a)(t-a)^{k-\alpha}}{\Gamma(1+k-\alpha)}+{}_CD_{a,t}^{\alpha}f(t).\end{aligned}$$

特别地，当 $0<\alpha<1$ 时,则可知

$${}_CD_{a,t}^{\alpha}f(t)=D_{a,t}^{\alpha}f(t)-\frac{f(a)}{\Gamma(1-\alpha)}(t-a)^{-\alpha},\tag{2.8}$$

由此可以看出,当 $f^{(k)}(a)=0$ 时,R–L 分数阶微分定义与 Caputo 分数阶微分定义是等价的.

在某些条件之下,可以证明两种经典分数阶导数的定义是等价的. Riemann-Liouville 导数主要用于数学公式的推导. Caputo 导数与经典导数有着相同的初始条件，其初始条件很容易被测量. 所以，在实际应用中一般采用 Caputo 导数.

2.4 经典分数阶微积分的性质

2.4.1 分数阶积分的基本性质

引理 2.1 [8] 分数阶积分算子的交换性质: 当 $\alpha>0$ 和 $\beta>0$ 时，都有

$$D_{a,t}^{-\alpha}D_{a,t}^{-\beta}f(t)=D_{a,t}^{-\beta}D_{a,t}^{-\alpha}f(t)=D_{a,t}^{-(\alpha+\beta)}f(t).\tag{2.9}$$

证明: 由分数阶积分算子的定义可得

$$\begin{aligned} D_{a,t}^{-\alpha} D_{a,t}^{-\beta} f(t) &= \frac{1}{\Gamma(\alpha)\Gamma(\beta)} \int_a^t (t-s)^{\alpha-1} \int_a^s (s-\tau)^{\beta-1} f(\tau) \mathrm{d}\tau \, \mathrm{d}s \\ &= \frac{1}{\Gamma(\alpha)\Gamma(\beta)} \int_a^t f(\tau) \int_\tau^t (t-s)^{\alpha-1} (s-\tau)^{\beta-1} \, \mathrm{d}s \, \mathrm{d}\tau \\ &= \frac{1}{\Gamma(\alpha+\beta)} \int_a^t (t-\tau)^{\alpha+\beta-1} f(\tau) \mathrm{d}\tau \\ &= D_{a,t}^{-(\alpha+\beta)} f(t). \end{aligned}$$

由引理 2.1 可以看出，分数阶积分算子 $D_{a,t}^{-\alpha}$ 和 $D_{a,t}^{-\beta}$ 可交换.

引理 2.2 [11] 若实值连续函数 $f(t,x):[a,\infty)\times\Omega\to\mathbb{R}^n$, 则

$$\|D_{a,t}^{-\alpha} f(t,x(t))\| \leqslant D_{a,t}^{-\alpha} \|f(t,x(t))\|, \tag{2.10}$$

其中 $\Omega\subset\mathbb{R}^n$, $\alpha\geqslant 0$ 且 $\|\cdot\|$ 表示任意一种范数.

证明: 由定义 2.1 和范数的性质得

$$\begin{aligned} &\|D_{a,t}^{-\alpha} f(t,x(t))\| \\ =&\left\| \frac{1}{\Gamma(\alpha)} \int_a^t (t-\tau)^{\alpha-1} f(\tau,x(\tau)) \mathrm{d}\tau \right\| \leqslant \frac{1}{\Gamma(\alpha)} \int_a^t (t-\tau)^{\alpha-1} \|f(\tau,x(\tau))\| \mathrm{d}\tau \\ =&D_{a,t}^{-\alpha} \|f(t,x(t))\|. \end{aligned}$$

引理 2.3 [8] 若 $\alpha>0$, 则 $D_{a,t}^{-\alpha}(t-a)^p = \dfrac{\Gamma(p+1)}{\Gamma(\alpha+p+1)}(t-a)^{\alpha+p}$.

证明: 由分数阶积分定义得

$$D_{a,t}^{-\alpha}(t-a)^p = \frac{1}{\Gamma(\alpha)} \int_a^t (t-\tau)^{\alpha-1} (\tau-a)^p \mathrm{d}\tau$$

进行变量代换 $\tau = a+\xi(t-a)$, 再利用 Beta 函数定义式得:

$$D_{a,t}^{-\alpha}(t-a)^p = \frac{1}{\Gamma(\alpha)} (t-a)^{\alpha+p} \int_0^1 \xi^p (1-\xi)^{\alpha-1} \mathrm{d}\xi$$

$$
\begin{aligned}
&=\frac{1}{\Gamma(-q)}B(\alpha,p+1)(t-a)^{\alpha+p}\\
&=\frac{\Gamma(p+1)}{\Gamma(\alpha+p+1)}(t-a)^{\alpha+p}.
\end{aligned}
$$

2.4.2 Riemann-Liouville 导数的基本性质

引理 2.4 R–L 分数阶微积分算子是线性算子，即对任意的常数 c_1,c_2, 有

$$D_{a,t}^{\alpha}(c_1 f(t)+c_2 g(t))=c_1 D_{a,t}^{\alpha}f(t)+c_2 D_{a,t}^{\alpha}g(t).$$

引理 2.5 [10] R–L 分数阶导数的平移性质

$$D_{a,t}^{\alpha}f(t)=D_{0,s}^{\alpha}f(s+a),$$

其中 $s=t-a$.

证明: 利用 R–L 定义 2.5，可得

$$
\begin{aligned}
D_{a,t}^{\alpha}f(t)&=\frac{1}{\Gamma(m-\alpha)}\frac{\mathrm{d}^m}{\mathrm{d}t^m}\int_a^t\frac{f(\tau)}{(t-\tau)^{\alpha-m+1}}\mathrm{d}\tau\\
&=\frac{1}{\Gamma(m-\alpha)}\frac{\mathrm{d}^m}{\mathrm{d}t^m}\int_0^{t-a}\frac{f(\theta+a)}{(t-\theta-a)^{\alpha-m+1}}\mathrm{d}\theta\\
&=\frac{1}{\Gamma(m-\alpha)}\frac{\mathrm{d}^m}{\mathrm{d}s^m}\int_0^{s}\frac{f(\theta+a)}{(s-\theta)^{\alpha-m+1}}\mathrm{d}\theta\\
&=D_{0,s}^{\alpha}f(s+a),
\end{aligned}
$$

其中 $\theta=\tau-a$ 且 $s=t-a$.

引理 2.6 [8] (i) 若 $n-1\leqslant\alpha<n$, 则

$$D_{a,t}^{\alpha}(t-a)^p=\frac{\Gamma(p+1)}{\Gamma(p-\alpha+1)}(t-a)^{p-\alpha},$$

其中 $p>-1$.

(ii) 令 $f(t)=\mathrm{e}^{\lambda t}$，则

$$D_{a,t}^{\alpha}f(t)=(t-a)^{-\alpha}E_{1,1-\alpha}(\lambda(t-a)).$$

(iii) 常数 $c\neq 0$ 的 R–L 分数阶导数不等于零，即

$$D_{a,t}^{\alpha}c=\frac{c}{\Gamma(1-\alpha)}(t-a)^{-\alpha},\qquad \alpha>0.$$

显然 $c=0$ 时，$D_{a,t}^{\alpha}0=0.$

证明: (i) 将 R–L 导数改写为

$$D_{a,t}^{\alpha}f(t)=\frac{\mathrm{d}^n}{\mathrm{d}t^n}(D_{a,t}^{-(n-\alpha)}f(t)),$$

再利用引理 2.3，得到

$$D_{a,t}^{\alpha}(t-a)^p=\frac{\Gamma(p+1)}{\Gamma(p-\alpha+1)}(t-a)^{p-\alpha}.$$

(ii) 由 $f(t)=\mathrm{e}^{\lambda(t-a)}=\sum\limits_{n=0}^{\infty}\frac{\lambda(t-a)^n}{n!}$ 得

$$\begin{aligned}
D_{a,t}^{\alpha}f(t)&=D_{a,t}^{\alpha}\sum_{n=0}^{\infty}\frac{1}{n!}\lambda^n(t-a)^n\\
&=\sum_{n=0}^{\infty}\frac{\lambda^n}{n!}D_{a,t}^{\alpha}(t-a)^n\\
&=\sum_{n=0}^{\infty}\frac{\lambda^n}{n!}\frac{\Gamma(n+1)}{\Gamma(n-\alpha+1)}(t-a)^{n-\alpha}\\
&=\sum_{n=0}^{\infty}\frac{[\lambda(t-a)]^n}{\Gamma(n-\alpha+1)}(t-a)^{-\alpha}\\
&=(t-a)^{-\alpha}E_{1,1-\alpha}(\lambda(t-a)).
\end{aligned}$$

(iii) 显然可得.

引理 2.7 [8,9] 若 $f(t)$ 有 $m+1$ 阶的连续导数且 $m-1 \leqslant \alpha < m \in \mathbb{Z}^{+}$，则

$$\lim_{\alpha\to(m-1)^{+}} D_{a,t}^{\alpha}f(t)=\frac{\mathrm{d}^{m-1}}{\mathrm{d}t^{m-1}}f(t),$$

$$\lim_{\alpha\to m^{-}} D_{a,t}^{\alpha}f(t)=\frac{\mathrm{d}^{m}}{\mathrm{d}t^{m}}f(t).$$

证明: 由 R–L 导数的定义 2.5 和定理 2.1 (iv)，可得

$$\begin{aligned}
&\lim_{\alpha\to(m-1)^{+}} D_{a,t}^{\alpha}f(t)\\
&=\lim_{\alpha\to(m-1)^{+}}\left[\frac{1}{\Gamma(m-\alpha)}\frac{\mathrm{d}^{m}}{\mathrm{d}t^{m}}\int_{a}^{t}(t-\tau)^{m-\alpha-1}f(\tau)\mathrm{d}\tau\right]\\
&=\lim_{\alpha\to(m-1)^{+}}\left[\sum_{k=0}^{m-1}\frac{f^{(k)}(a)(t-a)^{-\alpha+k}}{\Gamma(-\alpha+k+1)}+\frac{1}{\Gamma(m-\alpha)}\int_{a}^{t}(t-\tau)^{m-\alpha-1}f^{(m)}(\tau)\mathrm{d}\tau\right]\\
&=f^{(m-1)}(a)+\int_{a}^{t}f^{(m)}(\tau)\mathrm{d}\tau\\
&=\frac{\mathrm{d}^{m-1}f(t)}{\mathrm{d}t^{m-1}}.
\end{aligned}$$

类似地，

$$\begin{aligned}
&\lim_{\alpha\to m^{-}} D_{a,t}^{\alpha}f(t)\\
&=\lim_{\alpha\to m^{-}}\left[\frac{1}{\Gamma(m-\alpha)}\frac{\mathrm{d}^{m}}{\mathrm{d}t^{m}}\int_{a}^{t}(t-\tau)^{m-\alpha-1}f(\tau)\mathrm{d}\tau\right]\\
&=\lim_{\alpha\to m^{-}}\left[\sum_{k=0}^{m-1}\frac{f^{(k)}(a)(t-a)^{-\alpha+k}}{\Gamma(-\alpha+k+1)}+\frac{1}{\Gamma(m-\alpha)}\int_{a}^{t}(t-\tau)^{m-\alpha-1}f^{(m)}(\tau)\mathrm{d}\tau\right]\\
&=\lim_{\alpha\to m^{-}}\left[\sum_{k=0}^{m-1}\frac{f^{(k)}(a)(t-a)^{-\alpha+k}}{\Gamma(-\alpha+k+1)}+\frac{f^{(m)}(a)t^{m-\alpha}}{\Gamma(m-\alpha+1)}\right.\\
&\quad\left.+\frac{1}{\Gamma(m-\alpha+1)}\int_{a}^{t}(t-\tau)^{m-\alpha}f^{(m+1)}(\tau)\mathrm{d}\tau\right]\\
&=f^{(m)}(a)+\int_{a}^{t}f^{(m+1)}(\tau)\mathrm{d}\tau=\frac{\mathrm{d}^{m}f(t)}{\mathrm{d}t^{m}}.
\end{aligned}$$

由引理 2.7 可以看出，可以把 R–L 分数阶导数看作是经典整数阶导数的一种推广.

引理 2.8 [9,10,12] 分数阶积分算子与 R–L 微分算子的交换性质:

(i) 若 $\alpha>0, t>a$, 则

$$D_{a,t}^{\alpha}\left[D_{a,t}^{-\alpha}f(t)\right]=f(t). \tag{2.11}$$

(ii) 若 $f(t)$ 连续, 且当 $\beta>\alpha\geqslant 0$, 则

$$D_{a,t}^{\alpha}\left[D_{a,t}^{-\beta}f(t)\right]=D_{a,t}^{\alpha-\beta}f(t). \tag{2.12}$$

若 $f(t)$ 连续. 当 $\alpha>\beta\geqslant 0$ 时, 导数 $D_{a,t}^{\alpha-\beta}f(t)$ 存在, 则

$$D_{a,t}^{\alpha}\left[D_{a,t}^{-\beta}f(t)\right]=D_{a,t}^{\alpha-\beta}f(t). \tag{2.13}$$

(iii) 若 $m-1\leqslant\alpha<m\in\mathbb{Z}^{+}$, 则

$$D_{a,t}^{-\alpha}D_{a,t}^{\alpha}x(t)=x(t)-\sum_{k=1}^{m}\left[D_{a,t}^{\alpha-k}x(t)\right]_{t=a}\frac{(t-a)^{\alpha-k}}{\Gamma(\alpha-k+1)}. \tag{2.14}$$

(iv) 若 $0\leqslant k-1\leqslant\beta<k$ 且 $\alpha\geqslant 0$, 则

$$D_{a,t}^{-\alpha}\left[D_{a,t}^{\beta}f(t)\right]=D_{a,t}^{\beta-\alpha}f(t)-\sum_{j=1}^{k}\left[D_{a,t}^{\beta-j}f(t)\right]_{t=a}\frac{(t-a)^{\alpha-j}}{\Gamma(1+\alpha-j)}. \tag{2.15}$$

证明: (i) 为了证明式 (2.11), 考察整数 $\alpha=n\geqslant 1$ 的情形:

$$\frac{\mathrm{d}^n}{\mathrm{d}t^n}\left[D_{a,t}^{-n}f(t)\right]=\frac{\mathrm{d}^n}{\mathrm{d}t^n}\int_a^t\frac{(t-\tau)^{n-1}}{\Gamma(n)}f(\tau)\mathrm{d}\tau=\frac{\mathrm{d}}{\mathrm{d}t}\int_a^t f(\tau)\mathrm{d}\tau=f(t). \tag{2.16}$$

取 $k-1\leqslant\alpha<k$，显然 $k-\alpha>0$，利用引理 2.1 可写出

$$D_{a,t}^{-k}f(t)=D_{a,t}^{-(k-\alpha)}\left[D_{a,t}^{-\alpha}f(t)\right]. \tag{2.17}$$

由 R–L 导数的定义得出

$$D_{a,t}^{\alpha}\left[D_{a,t}^{-\alpha}f(t)\right]=\frac{\mathrm{d}^k}{\mathrm{d}t^k}\left\{D_{a,t}^{-(k-\alpha)}\left[D_{a,t}^{-\alpha}f(t)\right]\right\}$$

$$= \frac{\mathrm{d}^k}{\mathrm{d}t^k}\left[D_{a,t}^{-k} f(t)\right] = f(t),$$

式 (2.11) 证毕.

(ii) 若 $\beta \geqslant \alpha \geqslant 0$，则利用引理 2.1 和式 (2.11) 获得

$$\begin{aligned} D_{a,t}^{\alpha}\left[D_{a,t}^{-\beta} f(t)\right] &= D_{a,t}^{\alpha}\left[D_{a,t}^{-\alpha} D_{a,t}^{-(\beta-\alpha)} f(t)\right] \\ &= D_{a,t}^{-(\beta-\alpha)} f(t) \\ &= D_{a,t}^{\alpha-\beta} f(t). \end{aligned}$$

从而，式 (2.12) 得证.

若 $\alpha > \beta \geqslant 0$ 的情形,取整数 m 和 n, 使得

$$0 \leqslant m-1 \leqslant \alpha < m, \quad 0 < n-1 \leqslant \alpha-\beta < n.$$

显然, $n \leqslant m$. 那么, 利用 R–L 分数阶导数的定义 2.5 的等价形式

$$D_{a,t}^{\alpha} f(t) = \frac{1}{\Gamma(m-\alpha)} \frac{\mathrm{d}^m}{\mathrm{d}t^m} \int_a^t f(\tau)(t-\tau)^{m-\alpha-1} \mathrm{d}\tau = \frac{\mathrm{d}^m}{\mathrm{d}t^m} D_{a,t}^{-(m-\alpha)} f(t).$$

由式 (2.11)，可得

$$\begin{aligned} D_{a,t}^{\alpha}\left[D_{a,t}^{-\beta} f(t)\right] &= \frac{\mathrm{d}^m}{\mathrm{d}t^m}\left[D_{a,t}^{-(m-\alpha)}(D_{a,t}^{-\beta} f(t))\right] \\ &= \frac{\mathrm{d}^m}{\mathrm{d}t^m}\left[D_{a,t}^{-(m-\alpha+\beta)} f(t)\right] \\ &= \frac{\mathrm{d}^n}{\mathrm{d}t^n} \frac{\mathrm{d}^{m-n}}{\mathrm{d}t^{m-n}}\left[D_{a,t}^{-(m-n)-(n-\alpha+\beta)} f(t)\right] \\ &= \frac{\mathrm{d}^n}{\mathrm{d}t^n} \frac{\mathrm{d}^{m-n}}{\mathrm{d}t^{m-n}}\left\{D_{a,t}^{-(m-n)}\left[D_{a,t}^{-(n-\alpha+\beta)} f(t)\right]\right\} \\ &= \frac{\mathrm{d}^n}{\mathrm{d}t^n}\left[D_{a,t}^{-(n-\alpha+\beta)} f(t)\right] = D_{a,t}^{\alpha-\beta} f(t). \end{aligned}$$

从而，式 (2.13) 成立.

(iii) 由分数阶积分定义得

$$
\begin{aligned}
D_{a,t}^{-\alpha}\left[D_{a,t}^{\alpha}f(t)\right] &= \frac{1}{\Gamma(\alpha)}\int_a^t (t-\tau)^{\alpha-1} D_{a,\tau}^{\alpha}f(\tau)\mathrm{d}\tau \\
&= \frac{\mathrm{d}}{\mathrm{d}t}\left[\frac{1}{\Gamma(\alpha+1)}\int_a^t (t-\tau)^{\alpha} D_{a,\tau}^{\alpha}f(\tau)\mathrm{d}\tau\right]. \qquad (2.18)
\end{aligned}
$$

重复利用分部积分，然后再使用分数阶积分的交换性质，可得

$$
\begin{aligned}
&\frac{1}{\Gamma(\alpha+1)}\int_a^t (t-\tau)^{\alpha} D_{a,\tau}^{\alpha}f(\tau)\mathrm{d}\tau \\
=&\frac{1}{\Gamma(\alpha+1)}\int_a^t (t-\tau)^{\alpha} \frac{\mathrm{d}^m}{\mathrm{d}\tau^m}\left[D_{a,\tau}^{-(m-\alpha)}f(\tau)\right]\mathrm{d}\tau \\
=&\frac{1}{\Gamma(\alpha-m+1)}\int_a^t (t-\tau)^{\alpha-m}\left[D_{a,\tau}^{-(m-\alpha)}f(\tau)\right]\mathrm{d}\tau \\
&-\sum_{j=1}^{m}\left\{\frac{\mathrm{d}^{m-j}}{\mathrm{d}t^{m-j}}\left[D_{a,t}^{-(m-\alpha)}f(t)\right]\right\}_{t=a}\frac{(t-a)^{\alpha-j+1}}{\Gamma(2+\alpha-j)} \\
=&\frac{1}{\Gamma(\alpha-m+1)}\int_a^t (t-\tau)^{\alpha-m}\left[D_{a,\tau}^{-(m-\alpha)}f(\tau)\right]\mathrm{d}\tau-\sum_{j=1}^{m}\left[D_{a,t}^{\alpha-j}f(t)\right]_{t=a}\frac{(t-a)^{\alpha-j+1}}{\Gamma(2+\alpha-j)} \\
=&D_{a,t}^{-(\alpha-m+1)}\left[D_{a,t}^{-(m-\alpha)}f(t)\right]-\sum_{j=1}^{m}\left[D_{a,t}^{\alpha-j}f(t)\right]_{t=a}\frac{(t-a)^{\alpha-j+1}}{\Gamma(2+\alpha-j)} \\
=&D_{a,t}^{-1}f(t)-\sum_{j=1}^{m}\left[D_{a,t}^{\alpha-j}f(t)\right]_{t=a}\frac{(t-a)^{\alpha-j+1}}{\Gamma(2+\alpha-j)} \qquad (2.19)
\end{aligned}
$$

综合式 (2.18) 和式 (2.19), 关系式 (2.14) 证毕.

(iv) 利用引理 2.1 或式 (2.12)，可得

$$
\begin{aligned}
D_{a,t}^{-\alpha}\left[D_{a,t}^{\beta}f(t)\right] &= D_{a,t}^{\beta-\alpha}\left\{D_{a,t}^{-\beta}\left[D_{a,t}^{\beta}f(t)\right]\right\} \\
&= D_{a,t}^{\beta-\alpha}\left\{f(t)-\sum_{j=1}^{k}\left[D_{a,t}^{\beta-j}f(t)\right]_{t=a}\frac{(t-a)^{\beta-j}}{\Gamma(1+\beta-j)}\right\} \\
&= D_{a,t}^{\beta-\alpha}f(t)-\sum_{j=1}^{k}\left[D_{a,t}^{\beta-j}f(t)\right]_{t=a}\frac{(t-a)^{\alpha-j}}{\Gamma(\alpha-j+1)}.
\end{aligned}
$$

推导过程中应用了幂函数分数阶 R–L 导数公式:

$$D_{a,t}^{\beta-\alpha}\left[\frac{(t-a)^{\beta-j}}{\Gamma(1+\beta-j)}\right]=\frac{(t-a)^{\alpha-j}}{\Gamma(1+\alpha-j)}.$$

证毕.

引理 2.9 [8] (分数阶 R–L 算子和经典导数的交换性质) 设 $m-1<\alpha<m$ 且 $\alpha\neq n>0$, 则有

(i) $D^{n}\left[D_{a,t}^{\alpha}f(t)\right]=D_{a,t}^{n+\alpha}f(t)$;

(ii) $D_{a,t}^{\alpha}\left[f^{(n)}(t)\right]=D_{a,t}^{\alpha+n}f(t)-\sum\limits_{k=0}^{n-1}\dfrac{f^{(k)}(a)(t-a)^{k-\alpha-n}}{\Gamma(1+k-\alpha-n)}$.

其中 $D^{n}f$ 表示对函数 f 求 n 阶经典导数.

证明: (i) 利用引理 2.8, 可得

$$\begin{aligned}D^{n}\left[D_{a,t}^{\alpha}f(t)\right]&=D^{n}D^{m}\left[D_{a,t}^{-(m-\alpha)}f(t)\right]\\&=D^{n+m}\left[D_{a,t}^{-(m-\alpha)}f(t)\right]\\&=D_{a,t}^{n+\alpha}f(t).\end{aligned}$$

(ii) 如果现在把 n 和 α 位置交换, 利用引理 2.8, 可得

$$\begin{aligned}D_{a,t}^{\alpha}\left[f^{(n)}(t)\right]&=D_{a,t}^{\alpha+n}\left[D_{a,t}^{-n}f^{(n)}(t)\right]\\&=D_{a,t}^{\alpha+n}\left[f(t)-\sum_{k=0}^{n-1}\frac{f^{(k)}(a)(t-a)^{k}}{\Gamma(k+1)}\right]\\&=D_{a,t}^{\alpha+n}f(t)-\sum_{k=0}^{n-1}\frac{f^{(k)}(a)(t-a)^{k-\alpha-n}}{\Gamma(k+1-\alpha-n)}.\end{aligned}$$

引理 2.10 [8] (分数阶 R–L 算子间的交换性质) 设 $n-1<\alpha<n$ 且 $m-1<\beta<m$, 则有

(i) $D_{a,t}^{\beta}\left[D_{a,t}^{\alpha}f(t)\right]=D_{a,t}^{\alpha+\beta}f(t)-\sum\limits_{k=0}^{n-1}\dfrac{D_{a,t}^{\alpha-n+k}f(a)}{\Gamma(k-n-\beta+1)}(t-a)^{k-n-\beta}$;

(ii) $D_{a,t}^{\alpha}\left[D_{a,t}^{\beta}f(t)\right]=D_{a,t}^{\alpha+\beta}f(t)-\sum\limits_{k=0}^{m-1}\dfrac{D_{a,t}^{\beta-m+k}f(a)}{\Gamma(k-m-\alpha+1)}(t-a)^{k-m-\alpha}.$

证明: (i) 利用引理 2.8, 可得

$$
\begin{aligned}
&D_{a,t}^{\beta}\left[D_{a,t}^{\alpha}f(t)\right]\\
=&D^{m}\left[D_{a,t}^{-(m-\beta)}\left(D_{a,t}^{\alpha}f(t)\right)\right]\\
=&D^{m}\left[D_{a,t}^{-(m-\beta)}D^{n}D_{a,t}^{-(n-\alpha)}f(t)\right]\\
=&D^{m}\left\{D^{n}D_{a,t}^{-(m-\beta)}D_{a,t}^{-(n-\alpha)}f(t)-\sum_{k=0}^{n-1}\frac{(t-a)^{m-\beta+k-n}}{\Gamma(m-\beta+k+n+1)}\left[D^{k}D_{a,t}^{-(n-\alpha)}f(t)\right]_{t=a}\right\}\\
=&D^{n+m}\left[D_{a,t}^{-(m+n-\alpha-\beta)}f(t)\right]-D^{m}\left\{\sum_{k=0}^{n-1}\frac{D_{a,t}^{\alpha-n+k}f(a)}{\Gamma(m-\beta+k-n+1)}(t-a)^{m-\beta+k-n}\right\}\\
=&D_{a,t}^{\beta+\alpha}f(t)-\sum_{k=0}^{n-1}\frac{D_{a,t}^{\alpha-n+k}f(a)}{\Gamma(k-n-\beta+1)}(t-a)^{k-n-\beta}.
\end{aligned}
$$

定理 2.6 [10,12] (R–L 导数的 Leibniz 公式) 设 $\alpha\in(0,1)$, 函数 $u(t),v(t)$ 为区间 $[a,b]$ 上的解析函数, 则

$$D_{a,t}^{\alpha}[u(t)v(t)]=\sum_{k=0}^{\infty}\binom{\alpha}{k}v^{(k)}(t)\,D_{a,t}^{\alpha-k}u(t).$$

证明: 由 $u(t),v(t)$ 为区间 $[a,b]$ 上的解析函数, 且 $\alpha>0$，根据文献 [13] 得到

$$D_{a,t}^{\alpha}u(t)=\sum_{k=0}^{\infty}\frac{(-1)^{k}(t-a)^{k-\alpha}}{\Gamma(-\alpha)(k-\alpha)k!}u^{(k)}(t).$$

另外,

$$D_{a,t}^{\alpha}1=\frac{(t-a)^{-\alpha}}{\Gamma(1-\alpha)}.$$

利用 $\begin{pmatrix} \alpha \\ k \end{pmatrix} = \dfrac{\Gamma(\alpha+1)}{\Gamma(k+1)\Gamma(\alpha+1-k)}$, 可得

$$\begin{aligned} D_{a,t}^{\alpha}u(t) &= \sum_{k=0}^{\infty} \frac{(-1)^k\Gamma(1+k-\alpha)}{\Gamma(-\alpha)(k-\alpha)k!} D_{a,t}^{\alpha-k}(1)u^{(k)}(t) \\ &= \sum_{k=0}^{\infty} \begin{pmatrix} \alpha \\ k \end{pmatrix} D_{a,t}^{\alpha-k}(1)u^{(k)}(t). \end{aligned}$$

现将 $u(t)v(t)$ 看作一个函数代入上式, 并利用置换等式

$$\sum_{k=0}^{\infty}\sum_{j=0}^{k} = \sum_{j=0}^{\infty}\sum_{k=j}^{\infty},$$

得

$$\begin{pmatrix} \alpha \\ l+j \end{pmatrix} \cdot \begin{pmatrix} l+j \\ j \end{pmatrix} = \begin{pmatrix} \alpha \\ j \end{pmatrix} \cdot \begin{pmatrix} \alpha-j \\ l \end{pmatrix},$$

于是

$$\begin{aligned} D_{a,t}^{\alpha}[u(t)v(t)] &= \sum_{k=0}^{\infty} \begin{pmatrix} \alpha \\ k \end{pmatrix} D_{a,t}^{\alpha-k}(1) \cdot [u(t)v(t)]^{(k)} \\ &= \sum_{k=0}^{\infty} \begin{pmatrix} \alpha \\ k \end{pmatrix} D_{a,t}^{\alpha-k}(1) \sum_{j=0}^{k} \begin{pmatrix} k \\ j \end{pmatrix} u^{(k-j)}(t)v^{(j)}(t) \\ &= \sum_{j=0}^{\infty} v^{(j)}(t) \sum_{k=j}^{\infty} \begin{pmatrix} \alpha \\ k \end{pmatrix} \cdot \begin{pmatrix} k \\ j \end{pmatrix} D_{a,t}^{\alpha-k}(1)u^{(k-j)}(t) \\ &= \sum_{j=0}^{\infty} v^{(j)}(t) \sum_{l=0}^{\infty} \begin{pmatrix} \alpha \\ l+j \end{pmatrix} \cdot \begin{pmatrix} l+j \\ j \end{pmatrix} D_{a,t}^{\alpha-j-l}(1)u^{(l)}(t) \\ &= \sum_{j=0}^{\infty} \begin{pmatrix} \alpha \\ j \end{pmatrix} v^{(j)}(t) \sum_{l=0}^{\infty} \begin{pmatrix} \alpha-j \\ l \end{pmatrix} D_{a}^{\alpha-j-l}(1)u^{(l)}(t) \end{aligned}$$

$$= \sum_{j=0}^{\infty} \binom{\alpha}{j} v^{(j)}(t) D_{a,t}^{\alpha-j} u(t).$$

显然，分数阶导数的 Leibniz 公式和整数阶导数差别很大.

2.4.3 Caputo 导数的基本性质

引理 2.11 Caputo 分数阶导数具有的性质:

(i) ${}_C D_{a,t}^{\alpha} c = 0$, 其中 c 是任意的常数;

(ii) ${}_C D_{a,t}^{\alpha}[c_1 f(t) + c_2 g(t)] = c_1 {}_C D_{a,t}^{\alpha} f(t) + c_2 {}_C D_{a,t}^{\alpha} g(t)$, 其中 c_1, c_2 是任意的常数.

引理 2.12 [8] 假设 $n-1 < \alpha \leqslant n, p > n$, 则

(i) ${}_C D_{a,t}^{\alpha}(t-a)^{p-1} = \dfrac{\Gamma(p)}{\Gamma(p-\alpha)}(t-a)^{p-\alpha-1}$;

(ii) ${}_C D_{a,t}^{\alpha}(t-a)^{k} = 0,\ (k = 0, 1, \cdots, n-1)$.

证明: (i) 由 Caputo 型导数和 R–L 型导数的关系，可得:

$$\begin{aligned}
{}_C D_{a,t}^{\alpha}(t-a)^{p-1} =& D_{a,t}^{\alpha}\left\{(t-a)^{p-1} - \sum_{k=0}^{n-1} \frac{\left[(t-a)^{p-1}\right]^{(k)}\Big|_{t=a}}{k!}(t-a)^{k}\right\} \\
=& D_{a,t}^{\alpha}(t-a)^{p-1} - \sum_{k=0}^{n-1} D_{t}^{\alpha}\left\{\frac{\left[(t-a)^{p-1}\right]^{(k)}\Big|_{t=a}}{k!}(t-a)^{k}\right\} \\
=& \frac{\Gamma(p)}{\Gamma(p-\alpha)}(t-a)^{p-\alpha-1} - \sum_{k=0}^{n-1}\left(D_{a,t}^{\alpha} 0\right)(t) \\
=& \frac{\Gamma(p)}{\Gamma(p-\alpha)}(t-a)^{p-\alpha-1}.
\end{aligned}$$

(ii) 利用 Caputo 型导数的定义，显然可得.

引理 2.13 [8,10] 若 $x(t)$ 是定义在 $[a,b]$ 上的函数，且 $x(t) \in C^m[a,b]$, $m-1 < \alpha < m, m \in \mathbb{N}$，则

(i) $\lim\limits_{\alpha \to (m-1)^+} {}_CD_{a,t}^{\alpha} x(t) = \dfrac{\mathrm{d}^{m-1}x(t)}{\mathrm{d}t^{m-1}} - \dfrac{\mathrm{d}^{m-1}x(a)}{\mathrm{d}t^{m-1}}$;

(ii) $\lim\limits_{\alpha \to m^-} {}_CD_{a,t}^{\alpha} x(t) = \dfrac{\mathrm{d}^m x(t)}{\mathrm{d}t^m}$.

证明: (i) 利用 Caputo 导数的定义，可得

$$
\begin{aligned}
\lim_{\alpha \to (m-1)^+} {}_CD_{a,t}^{\alpha} x(t) &= \lim_{\alpha \to (m-1)^+} \left[\frac{1}{\Gamma(m-\alpha)} \int_a^t (t-\tau)^{m-\alpha-1} x^{(m)}(\tau) \mathrm{d}\tau \right] \\
&= \int_a^t x^{(m)}(\tau) \mathrm{d}\tau = x^{(m-1)}(t) - x^{(m-1)}(a),
\end{aligned}
$$

(ii) 利用分部积分公式，可得

$$
\begin{aligned}
\lim_{\alpha \to m^-} D_{a,t}^{\alpha} x(t) &= \lim_{\alpha \to m^-} \left[\frac{x^{(m)}(a)(t-a)^{m-\alpha}}{\Gamma(m-\alpha+1)} + \frac{1}{\Gamma(m-\alpha+1)} \int_a^t (t-\tau)^{m-\alpha} x^{(m+1)}(\tau) \mathrm{d}\tau \right] \\
&= x^{(m)}(a) + \int_a^t x^{(m+1)}(\tau) \mathrm{d}\tau = x^{(m)}(t).
\end{aligned}
$$

通过引理 2.13，可以看出 Caputo 导数是经典导数的一种推广.

引理 2.14 [9] 若 $x(t) \in C^m[a,T]$, $T > a$ 且 $m-1 < \alpha < m \in \mathbb{Z}^+$, 则

$$
{}_CD_{a,t}^{\alpha} x(a) = 0.
$$

证明: 利用 Caputo 导数的定义，可得

$$
{}_CD_{a,t}^{\alpha} x(t) = \frac{1}{\Gamma(m-\alpha)} \int_a^t (t-\tau)^{m-\alpha-1} x^{(m)}(\tau) \mathrm{d}\tau, \quad t < T.
$$

令 $M = \max_{t \in [a,T]} \left| x^{(m)}(t) \right|$, 其中 M 是一个正常数, 则

$$
\left| {}_CD_{a,t}^{\alpha} x(t) \right| \leqslant \frac{M}{\Gamma(m-\alpha)} \int_a^t (t-\tau)^{m-\alpha-1} \, \mathrm{d}\tau = \frac{M}{\Gamma(m-\alpha+1)} (t-a)^{m-\alpha},
$$

从而可得 ${}_C D_{a,t}^{\alpha} x(a) = 0$.

注 2.1 (i) 若 $x(t) \in C^0[a,T]$, $T > a$ 且 $\alpha > 0$, 则

$$D_{a,t}^{-\alpha} x(a) = 0$$

或

$$\lim_{t \to a} \frac{1}{\Gamma(\alpha)} \int_a^t (t-\tau)^{\alpha-1} x(\tau) \mathrm{d}\tau = 0.$$

(ii) 引理 2.14 对于 R–L 导数不成立.

引理 2.15 [9] 若 $x(t)$ 是定义在 $[a,b]$ 上的函数，且 $x(t) \in C^1[a,b]$, $0 < \alpha < 1$, 则

(i) ${}_C D_{a,t}^{\alpha} D_{a,t}^{-\alpha} x(t) = x(t), \quad a < t < b$;

(ii) $D_{a,t}^{-\alpha} {}_C D_{a,t}^{\alpha} x(t) = x(t) - x(a), \quad a < t < b$.

证明: (i) 利用 Caputo 和 R–L 导数的关系，可得

$$ {}_C D_{a,t}^{\alpha} f(t) = D_{a,t}^{\alpha} [f(t) - f(a)]. \tag{2.20}$$

利用式 (2.11)、式 (2.20) 和注 2.1，可得

$$\begin{aligned} {}_C D_{a,t}^{\alpha} D_{a,t}^{-\alpha} x(t) &= D_{a,t}^{\alpha} [D_{a,t}^{-\alpha} x(t) - D_{a,t}^{-\alpha} x(a)] \\ &= D_{a,t}^{\alpha} D_{a,t}^{-\alpha} x(t) = x(t). \end{aligned}$$

(ii) 利用式 (2.20)、式 (2.14) 和注 2.1，可得

$$\begin{aligned} D_{a,t}^{-\alpha} {}_C D_{a,t}^{\alpha} x(t) &= D_{a,t}^{-\alpha} \left\{ D_{a,t}^{\alpha} [x(t) - x(a)] \right\} \\ &= x(t) - x(a) - [D_{a,t}^{\alpha-1} x(t)]_{t=a} \frac{(t-a)^{\alpha-1}}{\Gamma(\alpha)} \\ &= x(t) - x(a). \end{aligned}$$

引理 2.16 [9] 若 $x(t)\in C^1[a,b]$, $T>0$, 则

$$
{}_CD_{a,t}^{\alpha_2}\,{}_CD_{a,t}^{\alpha_1}x(t)={}_CD_{a,t}^{\alpha_1}\,{}_CD_{a,t}^{\alpha_2}x(t)={}_CD_{a,t}^{\alpha_1+\alpha_2}x(t),\quad t\in[0,T],
$$

其中 $\alpha_1,\alpha_2\in\mathbb{R}^+$ 且 $\alpha_1+\alpha_2\leqslant 1$.

证明: 利用式 (2.20) 和引理 2.14, 可得

$$
\begin{aligned}
&{}_CD_{a,t}^{\alpha_2}\,{}_CD_{a,t}^{\alpha_1}x(t)\\
=&{}_CD_{a,t}^{\alpha_2}\left\{D_{a,t}^{\alpha_1}[x(t)-x(a)]\right\}\\
=&D_{a,t}^{\alpha_2}\left\{D_{a,t}^{\alpha_1}[x(t)-x(a)]-D_{a,t}^{\alpha_1}[x(t)-x(a)]\big|_{t=a}\right\}\\
=&D_{a,t}^{\alpha_2}\left\{D_{a,t}^{\alpha_1}[x(t)-x(a)]-{}_CD_{a,t}^{\alpha_1}x(t)\big|_{t=a}\right\}\\
=&D_{a,t}^{\alpha_2}\left\{D_{a,t}^{\alpha_1}[x(t)-x(a)]\right\}\\
=&D_{a,t}^{\alpha_2}D_{a,t}^{\alpha_1}x(t)-\frac{(t-a)^{-\alpha_1-\alpha_2}}{\Gamma(1-\alpha_1-\alpha_2)}x(a)\\
=&D_{a,t}^{\alpha_1+\alpha_2}x(t)-\frac{D^{\alpha_1-1}x(a)}{\Gamma(-\alpha_2)}(t-a)^{-1-\alpha_2}-\frac{(t-a)^{-\alpha_1-\alpha_2}}{\Gamma(1-\alpha_1-\alpha_2)}x(a)\\
=&{}_CD_{a,t}^{\alpha_1+\alpha_2}x(t).
\end{aligned}
$$

Caputo 导数在某种条件下, ${}_CD_{a,t}^{\alpha_1}$ 和 ${}_CD_{a,t}^{\alpha_2}$ 可交换，对于更一般的情况可以参考文献 [14].

引理 2.17 [15] 若 $f(t)$ 和 $g(t)$ 在 $[a,t]$ 上连续的且光滑的，且 $\alpha\in(0,1)$，则分数阶的 Leibniz 公式具有如下形式

$$
{}_CD_{a,t}^{\alpha}[f(t)g(t)]=\sum_{k=0}^{\infty}\binom{\alpha}{k}f^{(k)}(t)D_{a,t}^{\alpha-k}g(t)-f(a)g(a)\frac{(t-a)^{-\alpha}}{\Gamma(1-\alpha)}.
$$

证明: 利用 R–L 导数的 Leibniz 式 (2.6)，以及 R–L 导数和 Caputo 导数的关系，显然可得.

由引理 2.6 和引理 2.17，可以看出 Caputo 导数的 Leibniz 公式比整数阶导数的 Leibniz 公式要复杂得多.

2.4.4 Laplace 变换

Laplace 变换（拉普拉斯变换）是常用的一种积分变换，又名拉氏变换. Laplace 变换是一个线性变换，可将一个有参数实数 t $(t \geqslant 0)$ 的函数转换为一个参数为复数 s 的函数. Laplace 变换在许多工程技术和科学研究领域中有着广泛的应用，特别是在分数阶微积分、力学系统、电学系统、自动控制系统、可靠性系统、随机服务系统等领域都有重要作用.

定义 2.7 设函数 $f(t)$ 在 $[0,+\infty)$ 上有定义，对于复参变量 $s=\beta+\mathrm{i}w$，积分

$$F(s)=\int_0^{+\infty} f(t)\mathrm{e}^{-st}\mathrm{d}t, \tag{2.21}$$

在复平面的某一区域内收敛，则称 $F(s)$ 为函数 $f(t)$ 的 Laplace 变换，记为 $F(s)=\mathscr{L}\{f(t),s\}$，$F(s)$ 和 $f(t)$ 分别称为象函数和原函数. 相应地，公式

$$f(t)=\frac{1}{2\pi\mathrm{i}}\int_{\beta-\mathrm{i}\infty}^{\beta+\mathrm{i}\infty} F(s)\mathrm{e}^{st}\mathrm{d}s, \quad t>0, Re(s)>c, \tag{2.22}$$

称为 Laplace 逆变换，记为 $\mathscr{L}^{-1}\{F(s)\}$，称 $F(s), f(t)$ 是一个 Laplace 变换对.

引理 2.18 Laplace 变换有以下的一些常见性质:

(i) $\mathscr{L}\{af(t)\}=a\mathscr{L}\{f(t)\}, a$ 是常数;

(ii) $\mathscr{L}\{af(t)+bg(t)\}=a\mathscr{L}\{f(t)\}+b\mathscr{L}\{g(t)\}, a, b$ 是常数;

(iii) $\mathscr{L}\{f(t)*g(t)\}=\mathscr{L}\{f(t)\}\cdot\mathscr{L}\{g(t)\}$, 其中函数 $f(t), g(t)$ 的卷积"*"定义为

$$f(t)*g(t)=\int_0^t f(u)g(t-u)\mathrm{d}u=\int_0^t f(t-u)g(u)\mathrm{d}u;$$

(iv) $\mathscr{L}\{f(t-\tau_0)\}=\mathrm{e}^{-\tau_0 s}F(s); \mathscr{L}\{\mathrm{e}^{at}f(t)\}=F(s-a)$;

(v) $\mathscr{L}\left\{f^{(n)}(t)\right\}=s^n F(s)-\sum\limits_{k=0}^{n-1} s^k f^{(n-k-1)}(0)$.

引理 2.19 [8] 分数阶积分的 Laplace 变换

$$\mathscr{L}\{D_{t_0,t}^{-\alpha}f(t);s\}=s^{-\alpha}F(s), \tag{2.23}$$

其中 $F(s)=\mathscr{L}\{f(t);s\}$.

证明: 由定义 2.4，分数阶积分可改写为函数 $g(t)=t^{\alpha-1}$ 和 $f(t)$ 的卷积:

$$D_{t_0,t}^{-\alpha}f(t)=\frac{1}{\Gamma(\alpha)}\int_{t_0}^{t}(t-\tau)^{\alpha-1}f(\tau)\mathrm{d}\tau=\frac{1}{\Gamma(\alpha)}g(t)*f(t). \tag{2.24}$$

另外，函数 $g(t)=t^{\alpha-1}$ 的 Laplace 变换为

$$G(s)=\mathscr{L}\{t^{\alpha-1};s\}=\Gamma(\alpha)s^{-\alpha}. \tag{2.25}$$

因此，利用卷积的 Laplace 变换得到 R–L 积分的 Laplace 变换:

$$\mathscr{L}\{D_{t_0,t}^{-\alpha}f(t);s\}=s^{-\alpha}F(s). \tag{2.26}$$

引理 2.20 [8] R–L 导数的 Laplace 变换:

$$\mathscr{L}\{D_{t_0,t}^{\alpha}f(t);s\}=s^{\alpha}F(s)-\sum_{k=0}^{n-1}s^{k}[D_{t_0,t}^{\alpha-k-1}f(t)]|_{t=t_0}, \tag{2.27}$$

其中 $F(s)=\mathscr{L}\{f(t);s\},n-1<\alpha\leqslant n\in\mathbb{Z}^{+}$.

证明: 令

$$D_{t_0,t}^{\alpha}f(t)=g^{(n)}(t), \tag{2.28}$$

则

$$g(t)=D_{t_0,t}^{-(n-\alpha)}f(t)=\frac{1}{\Gamma(n-\alpha)}\int_{t_0}^{t}(t-\tau)^{n-p-1}f(\tau)\mathrm{d}\tau,\ n-1\leqslant\alpha<n. \tag{2.29}$$

由式 (2.28), 使用引理 2.18 中的 (v) 得到

$$\mathscr{L}\{D_{t_0,t}^{\alpha}f(t);s\}=s^{n}G(s)-\sum_{k=0}^{n-1}s^{k}g^{(n-k-1)}(0), \tag{2.30}$$

由式 (2.29), 函数 $g(t)$ 的 Laplace 变换由式 (2.26) 得出

$$G(s) = s^{-(n-\alpha)}F(s), \tag{2.31}$$

另外，从式 (2.29) 和 R–L 导数的定义推出

$$g^{(n-k-1)}(t) = \frac{\mathrm{d}^{n-k-1}}{\mathrm{d}t^{n-k-1}}D_{t_0,t}^{-(n-\alpha)}f(t) = D_{t_0,t}^{\alpha-k-1}f(t). \tag{2.32}$$

将式 (2.31) 和式 (2.32) 代入式 (2.30) 得到 Riemann-Liouville 分数阶导数的 Laplace 变换的表达式：

$$\mathscr{L}\{D_{t_0,t}^{\alpha}f(t);s\} = s^{\alpha}F(s) - \sum_{k=0}^{n-1}s^{(k)}[D_{t_0,t}^{\alpha-k-1}f(t)]|_{t=t_0}.$$

引理 2.21 [8] Caputo 导数的 Laplace 变换:

$$\mathscr{L}\{{}_CD_{t_0,t}^{\alpha}f(t);s\} = s^{\alpha}F(s) - \sum_{k=0}^{n-1}s^{\alpha-k-1}f^{(k)}(t_0),$$

其中 $F(s)=\mathscr{L}\{f(t);s\}, n-1<\alpha\leqslant n\in\mathbb{Z}^+$.

证明: 将 Caputo 导数定义 2.6 改写为

$$ {}_CD_{t_0,t}^{\alpha}f(t) = D_{t_0,t}^{-(n-\alpha)}g(t), \qquad g(t) = f^{(n)}(t),\ \ n-1<\alpha\leqslant n. \tag{2.33}$$

由分数阶积分的 Laplace 变换式 (2.23) 得到：

$$\mathscr{L}\{{}_CD_{t_0,t}^{\alpha}f(t);s\} = s^{-(n-\alpha)}G(s). \tag{2.34}$$

根据引理 2.18 中的 (v) 得到

$$G(s) = s^nF(s) - \sum_{k=0}^{n-1}s^{n-k-1}f^{(n)}(t_0) = s^nF(s) - \sum_{k=0}^{n-1}s^kf^{(n-k-1)}(t_0). \tag{2.35}$$

将式 (2.35) 代入式 (2.34) 就得到 Caputo 分数阶导数的 Laplace 变换：

$$\mathscr{L}\{{}_CD_{t_0,t}^{\alpha}f(t);s\}=s^{\alpha}F(s)-\sum_{k=0}^{m-1}s^{\alpha-k-1}f^{(k)}(t_0).$$

2.4.5 分数阶微积分的一些不等式

基于上述性质，我们可以得到 Caputo 导数成立如下的不等式.

引理 2.22 [11] (比较原理) 设 $x(t)$ 和 $y(t)$ 是定义在 $[a,b]$ 上的函数, 且 $x(t),y(t)\in C^1[a,b]$, $x(0)=y(0)$，当

$${}_CD_{0,t}^{\alpha}x(t)\geqslant {}_CD_{0,t}^{\alpha}y(t),\qquad \alpha\in(0,1)$$

成立时，有 $x(t)\geqslant y(t)$.

证明: 由 ${}_CD_{0,t}^{\alpha}x(t)\geqslant {}_CD_{0,t}^{\alpha}y(t)$，存在 $m(t)\geqslant 0$ 使得

$${}_CD_{0,t}^{\alpha}x(t)=m(t)+{}_CD_{0,t}^{\alpha}y(t),\tag{2.36}$$

在等式 (2.36) 两端进行 Laplace 变换得到

$$s^{\alpha}X(s)-s^{\alpha-1}x(0)=M(s)+s^{\alpha}Y(s)-s^{\alpha-1}y(0),$$

由于 $x(0)=y(0)$，所以

$$s^{\alpha}X(s)=M(s)+s^{\alpha}Y(s),$$

再运用 Laplace 逆变换得到 $x(t)=D_{0,t}^{-\alpha}m(t)+y(t)$, 而 $m(t)\geqslant 0$, 所以有 $x(t)\geqslant y(t)$.

引理 2.22 是 Caputo 导数的比较原理，通过这个引理可以将一些复杂的问题进行简化分析.

引理 2.23 [11] 若 $V(t)\in C^1([0,+\infty),\mathbb{R})$ 是连续可微函数，满足

$$ {}_CD_{0,t}^{\alpha}V(t)\leqslant -\lambda V(t), $$

其中 $\alpha\in(0,1)$, λ 是常数, 则

$$ V(t)\leqslant V(0)E_{\alpha}(-\lambda t^{\alpha}),\quad t\geqslant 0, $$

其中 $E_{\alpha}(z)=\sum\limits_{k=0}^{\infty}\dfrac{z^k}{\Gamma(k\alpha+1)}$ 是 Mittag-Leffler 函数.

证明: 存在一个非负函数 $M(t)$ 满足

$$ {}_CD_{0,t}^{\alpha}V(t)+M(t)=-\lambda V(t). \tag{2.37} $$

在式 (2.37) 两边进行 Laplace 变换得

$$ V(s)=\frac{V(0)s^{\alpha-1}-M(s)}{s^{\alpha}+\lambda}. $$

然后进行 Laplace 逆变换得到式 (2.37) 的唯一解为

$$ V(t)=V(0)E_{\alpha}(-\lambda t^{\alpha})-M(t)*t^{\alpha-1}E_{\alpha,\alpha}(-\lambda t^{\alpha}). $$

其中 $*$ 表示卷积运算. 因为 $M(t)$, $t^{\alpha-1}$ 和 $E_{\alpha,\alpha}(-\lambda t^{\alpha})$ 都是非负函数，于是得到

$$ V(t)\leqslant V(0)E_{\alpha}(-\lambda t^{\alpha}). $$

定理 2.7 设 $x(t)\in\mathbb{R}$ 是连续可微的函数, $\alpha\in(0,1)$, $\boldsymbol{X}(t)\in\mathbb{R}^n$ 是连续可微的向量函数, 并且 $\boldsymbol{M}\in\mathbb{R}^{n\times n}$ 是一个正定矩阵. 则以下不等式成立:

(i) ${}_CD_{t_0,t}^{\alpha}x^{2m}(t)\leqslant 2x^m(t)\,{}_CD_{t_0,t}^{\alpha}x^m(t)$; (2.38)

(ii) ${}_CD_{t_0,t}^{\alpha}x^{\frac{2m}{n}}(t)\leqslant \dfrac{2m}{2m-n}x(t)\,{}_CD_{t_0,t}^{\alpha}x^{\frac{2m}{n}-1}(t)$; (2.39)

(iii) ${}_CD_{t_0,t}^{\alpha}x^{\frac{2m}{n}}(t)\leqslant \dfrac{2m}{n}x^{\frac{2m}{n}-1}(t)\,{}_CD_{t_0,t}^{\alpha}x(t)$; (2.40)

(iv) ${}_{C}D_{t_0,t}^{\alpha}x^{2^m}(t) \leqslant 2^m x^{2^m-1}(t)\,{}_{C}D_{t_0,t}^{\alpha}x(t);$ (2.41)

(v) ${}_{C}D_{t_0,t}^{\alpha}\left[\boldsymbol{X}^{\mathrm{T}}(t)\boldsymbol{M}\boldsymbol{X}(t)\right] \leqslant 2\boldsymbol{X}^{\mathrm{T}}(t)\boldsymbol{M}\,{}_{C}D_{t_0,t}^{\alpha}\boldsymbol{X}(t)$, (2.42)

其中 $0 \leqslant t_0 \leqslant t, m \in \mathbb{N}^+, n \in \mathbb{N}^+$ 以及 $2m \geqslant n$.

证明: (i) 由定义 2.6, 令

$$
\begin{aligned}
y(t) =& {}_{C}D_{t_0,t}^{\alpha}x^{2m}(t) - 2x^m(t)\,{}_{C}D_{t_0,t}^{\alpha}x^m(t) \\
=& \frac{2m}{\Gamma(1-\alpha)}\left[\int_{t_0}^{t}(t-s)^{-\alpha}x^{2m-1}(s)\frac{\mathrm{d}x(s)}{\mathrm{d}s}\mathrm{d}s\right. \\
& \left. -x^m(t)\int_{t_0}^{t}(t-s)^{-\alpha}x^{m-1}(s)\frac{\mathrm{d}x(s)}{\mathrm{d}s}\mathrm{d}s\right] \\
=& \frac{2m}{\Gamma(1-\alpha)}\int_{t_0}^{t}(t-s)^{-\alpha}\left[x^{2m-1}(s) - x^m(t)x^{m-1}(s)\right]\frac{\mathrm{d}x(s)}{\mathrm{d}s}\mathrm{d}s \\
=& \frac{1}{\Gamma(1-\alpha)}\int_{t_0}^{t}(t-s)^{-\alpha}\frac{\mathrm{d}}{\mathrm{d}s}\left[(x^m(s) - x^m(t))^2\right]\mathrm{d}s.
\end{aligned} \tag{2.43}
$$

对式 (2.43) 进行分部积分, 得到

$$
\begin{aligned}
y(t) =& \frac{1}{\Gamma(1-\alpha)}\left\{(t-s)^{-\alpha}[x^m(s) - x^m(t)]^2|_{s=t} - (t-s)^{-\alpha}[x^m(t_0) - x^m(t)]^2\right. \\
& \left. -\alpha\int_{t_0}^{t}(t-s)^{-\alpha-1}[x^m(s) - x^m(t)]^2\mathrm{d}s\right\},
\end{aligned} \tag{2.44}
$$

其中

$$
\lim_{s\to t}(t-s)^{-\alpha}[x^m(s) - x^m(t)]^2 \tag{2.45}
$$

$$
\begin{aligned}
=& \lim_{s\to t}\frac{[x^m(s) - x^m(t)]^2}{(t-s)^{\alpha}} \\
=& \lim_{s\to t}\frac{-[2mx^{2m-1}(s) - 2mx^m(t)x^{m-1}(s)]x'(s)(t-s)^{-\alpha+1}}{\alpha} \\
=& 0.
\end{aligned} \tag{2.46}
$$

由式 (2.44) 得到 $y(t) \leqslant 0$. 因此式 (2.38) 被证明.

(ii) 类似地, 由定义 2.6, 得到

$$
\begin{aligned}
&{}_C D_{t_0,t}^{\alpha} x^{\frac{2m}{n}}(t)-\frac{2m}{2m-n}x(t)\,{}_C D_{t_0,t}^{\alpha} x^{\frac{2m}{n}-1}(t)\\
=&\frac{1}{\Gamma(1-\alpha)}\left[\frac{2m}{n}\int_{t_0}^{t}(t-s)^{-\alpha}x^{\frac{2m}{n}-1}(s)\frac{\mathrm{d}x(s)}{\mathrm{d}s}\mathrm{d}s\right.\\
&\left.-\frac{2mx(t)}{2m-n}\int_{t_0}^{t}(t-s)^{-\alpha}\left(\frac{2m}{n}-1\right)x^{\frac{2m}{n}-2}(s)\frac{\mathrm{d}x(s)}{\mathrm{d}s}\mathrm{d}s\right]\\
=&\frac{1}{\Gamma(1-\alpha)}\int_{t_0}^{t}(t-s)^{-\alpha}\left[\frac{2m}{n}x^{\frac{2m}{n}-1}(s)-\frac{2m}{2m-n}x(t)\left(\frac{2m}{n}-1\right)x^{\frac{2m}{n}-2}(s)\right]\frac{\mathrm{d}x(s)}{\mathrm{d}s}\mathrm{d}s\\
=&\frac{1}{\Gamma(1-\alpha)}\int_{t_0}^{t}(t-s)^{-\alpha}\frac{\mathrm{d}}{\mathrm{d}s}y(s)\mathrm{d}s.
\end{aligned}
\tag{2.47}
$$

其中 $y(s)=x^{\frac{2m}{n}}(s)-\frac{2m}{2m-n}x(t)x^{\frac{2m}{n}-1}(s)+\left(\frac{2m}{2m-n}-1\right)x^{\frac{2m}{n}}(t)$.

对式 (2.47) 进行分部积分得到

$$
\begin{aligned}
&{}_C D_{t_0,t}^{\alpha} x^{\frac{2m}{n}}(t)-\frac{2m}{2m-n}x(t)\,{}_C D_{t_0,t}^{\alpha} x^{\frac{2m}{n}-1}(t)\\
=&\frac{1}{\Gamma(1-\alpha)}\left[\left.\frac{y(s)}{(t-s)^{\alpha}}\right|_{s=t}-\frac{y(t_0)}{(t-t_0)^{\alpha}}-\alpha\int_{t_0}^{t}(t-s)^{-\alpha-1}y(s)\mathrm{d}s\right],
\end{aligned}
\tag{2.48}
$$

而

$$
\begin{aligned}
&\lim_{s\to t}\frac{y(s)}{(t-s)^{\alpha}}\\
=&\lim_{s\to t}\frac{-\left[\frac{2m}{n}x^{\frac{2m}{n}-1}(s)\frac{\mathrm{d}x(s)}{\mathrm{d}s}-\frac{2m}{n}x(t)x^{\frac{2m}{n}-2}(s)\frac{\mathrm{d}x(s)}{\mathrm{d}s}\right](t-s)^{1-\alpha}}{\alpha}=0.
\end{aligned}
\tag{2.49}
$$

再利用 Young 不等式, 可得

$$
x^{\frac{2m}{n}-1}(s)x(t)\leqslant\left|x^{\frac{2m}{n}-1}(s)\right|\cdot|x(t)|\leqslant\frac{2m-n}{2m}x^{\frac{2m}{n}}(s)+\frac{n}{2m}x^{\frac{2m}{n}}(t).
$$

进而,

$$
\begin{aligned}
y(s)\geqslant&x^{\frac{2m}{n}}(s)-\frac{2m}{2m-n}\left[\frac{2m-n}{2m}x^{\frac{2m}{n}}(s)+\frac{n}{2m}x^{\frac{2m}{n}}(t)\right]+\left(\frac{2m}{2m-n}-1\right)x^{\frac{2m}{n}}(t)\\
=&0.
\end{aligned}
\tag{2.50}
$$

因此, 由式 (2.48) 得到

$$
{}_CD_{t_0,t}^{\alpha}x^{\frac{2m}{n}}(t)-\frac{2m}{2m-n}x(t)\,{}_CD_{t_0,t}^{\alpha}x^{\frac{2m}{n}-1}(t)\leqslant 0.
$$

综上，式 (2.39) 得到证明.

(iii) 由定义 2.6 得到

$$
\begin{aligned}
&{}_CD_{t_0,t}^{\alpha}x^{\frac{2m}{n}}(t)-\frac{2m}{n}x^{\frac{2m}{n}-1}(t)\,{}_CD_{t_0,t}^{\alpha}x(t)\\
=&\frac{1}{\Gamma(1-\alpha)}\left[\frac{2m}{n}\int_{t_0}^{t}(t-s)^{-\alpha}x^{\frac{2m}{n}-1}(s)\frac{\mathrm{d}x(s)}{\mathrm{d}s}\mathrm{d}s\right.\\
&\left.-\frac{2m}{n}x^{\frac{2m}{n}-1}(t)\int_{t_0}^{t}(t-s)^{-\alpha}\frac{\mathrm{d}x(s)}{\mathrm{d}s}\mathrm{d}s\right]\\
=&\frac{1}{\Gamma(1-\alpha)}\int_{t_0}^{t}(t-s)^{-\alpha}\frac{2m}{n}\left[x^{\frac{2m}{n}-1}(s)-x^{\frac{2m}{n}-1}(t)\right]\frac{\mathrm{d}x(s)}{\mathrm{d}s}\mathrm{d}s\\
=&\frac{1}{\Gamma(1-\alpha)}\int_{t_0}^{t}(t-s)^{-\alpha}\frac{\mathrm{d}}{\mathrm{d}s}y(s)\mathrm{d}s,
\end{aligned}\tag{2.51}
$$

其中 $y(s)=x^{\frac{2m}{n}}(s)-\frac{2m}{n}x^{\frac{2m}{n}-1}(t)x(s)+\left(\frac{2m}{n}-1\right)x^{\frac{2m}{n}}(t)$.

对式 (2.51) 进行分部积分得到

$$
\begin{aligned}
&{}_CD_{t_0,t}^{\alpha}x^{\frac{2m}{n}}(t)-\frac{2m}{n}x^{\frac{2m}{n}-1}(t)\,{}_CD_{t_0,t}^{\alpha}x(t)\\
=&\frac{1}{\Gamma(1-\alpha)}\left[\left.\frac{y(s)}{(t-s)^{\alpha}}\right|_{s=t}-\frac{y(t_0)}{(t-t_0)^{\alpha}}-\alpha\int_{t_0}^{t}y(s)(t-s)^{-\alpha-1}\mathrm{d}s\right],
\end{aligned}\tag{2.52}
$$

而

$$
\lim_{s\to t}\frac{y(s)}{(t-s)^{\alpha}}=0.\tag{2.53}
$$

由 Young 不等式得

$$
x^{\frac{2m}{n}-1}(t)x(s)\leqslant\left|x^{\frac{2m}{n}-1}(t)\right|\cdot|x(s)|\leqslant\frac{2m-n}{2m}x^{\frac{2m}{n}}(t)+\frac{n}{2m}x^{\frac{2m}{n}}(s).
$$

因此

$$
\begin{aligned}
y(s) &= x^{\frac{2m}{n}}(s) - \frac{2m}{n}x^{\frac{2m}{n}-1}(t)x(s) + \left(\frac{2m}{n}-1\right)x^{\frac{2m}{n}}(t) \\
&\geqslant x^{\frac{2m}{n}}(s) - \frac{2m}{n}\left[\frac{2m-n}{2m}x^{\frac{2m}{n}}(t) + \frac{n}{2m}x^{\frac{2m}{n}}(s)\right] + \left(\frac{2m}{n}-1\right)x^{\frac{2m}{n}}(t) \\
&= 0.
\end{aligned} \tag{2.54}
$$

于是 ${}_{C}D_{t_0,t}^{\alpha}x^{\frac{2m}{n}}(t) - \frac{2m}{n}x^{\frac{2m}{n}-1}(t)\,{}_{C}D_{t_0,t}^{\alpha}x(t) \leqslant 0$. 故式 (2.40) 得以证明.

(iv) 由式 (2.38) 得

$$
\begin{aligned}
{}_{C}D_{t_0,t}^{\alpha}x^{2^m}(t) &\leqslant 2x^{2^{m-1}}(t)\,{}_{C}D_{t_0,t}^{\alpha}x^{2^{m-1}}(t) \\
&\leqslant 2^2x^{2^{m-1}+2^{m-2}}(t)\,{}_{C}D_{t_0,t}^{\alpha}x^{2^{m-2}}(t) \\
&\ \ \vdots \\
&\leqslant 2^m x^{2^m-1}(t)\,{}_{C}D_{t_0,t}^{\alpha}x(t).
\end{aligned}
$$

因此，可以证明式 (2.41).

(v) 由于 $\boldsymbol{M}$ 是正定矩阵, 于是存在一个非负矩阵 $\boldsymbol{H}$ 使得 $\boldsymbol{M}=\boldsymbol{H}^{\mathrm{T}}\boldsymbol{H}$. 式 (2.42) 中的向量 $\boldsymbol{X}(t)$ 被写为

$$
\boldsymbol{P}(t) = \boldsymbol{H}\boldsymbol{X}(t),
$$

其中 $\boldsymbol{P}(t)=(P_1(t),P_2(t),\cdots,P_n(t))^{\mathrm{T}}$. 由式 (2.38) 得到

$$
\begin{aligned}
&{}_{C}D_{t_0,t}^{\alpha}\left[\boldsymbol{X}^{\mathrm{T}}(t)\boldsymbol{M}\boldsymbol{X}(t)\right] - 2\boldsymbol{X}^{\mathrm{T}}(t)\boldsymbol{M}\,{}_{C}D_{t_0,t}^{\alpha}\boldsymbol{X}(t) \\
=&{}_{C}D_{t_0,t}^{\alpha}\boldsymbol{P}^{\mathrm{T}}(t)\boldsymbol{P}(t) - 2\boldsymbol{P}^{\mathrm{T}}(t)\,{}_{C}D_{t_0,t}^{\alpha}\boldsymbol{P}(t) \\
=&\sum_{i=1}^{n}\left[{}_{C}D_{t_0,t}^{\alpha}P_i^2(t) - 2P_i(t)\,{}_{C}D_{t_0,t}^{\alpha}P_i(t)\right] \\
\leqslant&0.
\end{aligned}
$$

注 2.2 特别地, 在式 (2.38) 中，当 $m=1$ 时,

$$
{}_{C}D_{t_0,t}^{\alpha}x^2(t) \leqslant 2x(t)\,{}_{C}D_{t_0,t}^{\alpha}x(t). \tag{2.55}
$$

类似于前面的定理 2.7，我们可以推导出 R–L 导数也存在如下的不等式.

定理 2.8 设 $x(t)\in\mathbb{R}$ 是连续可微的函数, $\alpha\in(0,1), \boldsymbol{X}(t)\in\mathbb{R}^n$ 是连续可微的向量函数, 并且 $\boldsymbol{M}\in\mathbb{R}^{n\times n}$ 是一个正定矩阵，则

(i) $D_{t_0,t}^{\alpha}x^{2m}(t) \leqslant 2x^m(t)\,D_{t_0,t}^{\alpha}x^m(t);$ (2.56)

(ii) $D_{t_0,t}^{\alpha}x^{\frac{2m}{n}}(t) \leqslant \dfrac{2m}{2m-n}x(t)\,D_{t_0,t}^{\alpha}x^{\frac{2m}{n}-1}(t);$ (2.57)

(iii) $D_{t_0,t}^{\alpha}x^{\frac{2m}{n}}(t) \leqslant \dfrac{2m}{n}x^{\frac{2m}{n}-1}(t)\,D_{t_0,t}^{\alpha}x(t);$ (2.58)

(iv) $D_{t_0,t}^{\alpha}x^{2^m}(t) \leqslant 2^m x^{2^m-1}(t)\,D_{t_0,t}^{\alpha}x(t);$ (2.59)

(v) $D_{t_0,t}^{\alpha}\left[\boldsymbol{X}^{\mathrm{T}}(t)\boldsymbol{M}\boldsymbol{X}(t)\right] \leqslant 2\boldsymbol{X}^{\mathrm{T}}(t)\boldsymbol{M}\,D_{t_0,t}^{\alpha}\boldsymbol{X}(t),$ (2.60)

其中 $t\geqslant t_0, m\in\mathbb{N}^+, n\in\mathbb{N}^+$ 以及 $2m\geqslant n$.

证明: (i) 由定理 2.7 中的 (ii) 得到

$$
\begin{aligned}
&D_{t_0,t}^{\alpha}x^{2m}(t)-2x^m(t)\,D_{t_0,t}^{\alpha}x^m(t)\\
={}&{}_{C}D_{t_0,t}^{\alpha}x^{2m}(t)+\frac{x^{2m}(t_0)}{\Gamma(1-\alpha)}(t-t_0)^{-\alpha}\\
&-2x^m(t)\left[{}_{C}D_{t_0,t}^{\alpha}x^m(t)+\frac{x^m(t_0)}{\Gamma(1-\alpha)}(t-t_0)^{-\alpha}\right]\\
={}&{}_{C}D_{t_0,t}^{\alpha}x^{2m}(t)-2x^m(t)\,{}_{C}D_{t_0,t}^{\alpha}x^m(t)\\
&+\frac{1}{\Gamma(1-\alpha)}(t-t_0)^{-\alpha}\left[x^{2m}(t_0)-2x^m(t)x^m(t_0)\right]\\
\leqslant{}&{}_{C}D_{t_0,t}^{\alpha}x^{2m}(t)-2x^m(t)\,{}_{C}D_{t_0,t}^{\alpha}x^m(t)\\
&+\frac{1}{\Gamma(1-\alpha)}(t-t_0)^{-\alpha}\left[x^m(t_0)-x^m(t)\right]^2.
\end{aligned} \tag{2.61}
$$

应用式 (2.44) 得到

$$
\begin{aligned}
&{}_CD_{t_0,t}^{\alpha}x^{2m}(t)-2x^m(t)\,{}_CD_{t_0,t}^{\alpha}x^m(t)+\frac{1}{\Gamma(1-\alpha)}(t-t_0)^{-\alpha}[x^m(t_0)-x^m(t)]^2\\
=&\frac{1}{\Gamma(1-\alpha)}\Big\{(t-t_0)^{-\alpha}[(x^m(s)-x^m(t))^2]|_{s=t}-(t-t_0)^{-\alpha}(x^m(t_0)-x^m(t))^2\\
&-\alpha\int_{t_0}^{t}(t-t_0)^{-\alpha-1}[x^m(s)-x^m(t)]^2\mathrm{d}s+(t-t_0)^{-\alpha}[x^m(t_0)-x^m(t)]^2\Big\}\\
=&\frac{1}{\Gamma(1-\alpha)}\left\{\frac{[x^m(s)-x^m(t)]^2}{(t-s)^{\alpha}}\Big|_{s=t}-\alpha\int_{t_0}^{t}\frac{[x^m(s)-x^m(t)]^2}{(t-s)^{\alpha+1}}\mathrm{d}s\right\}.
\end{aligned}
$$

由式 (2.45)，可得

$$
{}_CD_{t_0,t}^{\alpha}x^{2m}(t)-2x^m(t)\,{}_CD_{t_0,t}^{\alpha}x^m(t)+[x^m(t_0)-x^m(t)]^2\frac{(t-t_0)^{-\alpha}}{\Gamma(1-\alpha)}\leqslant 0.
$$

于是式 (2.56) 成立.

(ii) 由引理 2.7 中的 (ii) 得到

$$
\begin{aligned}
&D_{t_0,t}^{\alpha}x^{\frac{2m}{n}}(t)-\frac{2m}{2m-n}x(t)\,D_{t_0,t}^{\alpha}x^{\frac{2m}{n}-1}(t)\\
=&{}_CD_{t_0,t}^{\alpha}x^{\frac{2m}{n}}(t)+\frac{x^{\frac{2m}{n}}(t_0)}{\Gamma(1-\alpha)}(t-t_0)^{-\alpha}\\
&-\frac{2m}{2m-n}x(t)\left[{}_CD_{t_0,t}^{\alpha}x^{\frac{2m}{n}-1}(t)+\frac{x^{\frac{2m}{n}-1}(t_0)}{\Gamma(1-\alpha)}(t-t_0)^{-\alpha}\right]\\
=&{}_CD_{t_0,t}^{\alpha}x^{\frac{2m}{n}}(t)-\frac{2m}{2m-n}x(t)\,{}_CD_{t_0,t}^{\alpha}x^{\frac{2m}{n}-1}(t)\\
&+\frac{1}{\Gamma(1-\alpha)}(t-t_0)^{-\alpha}\left[x^{\frac{2m}{n}}(t_0)-\frac{2m}{2m-n}x(t)x^{\frac{2m}{n}-1}(t_0)\right]\\
\leqslant&{}_CD_{t_0,t}^{\alpha}x^{\frac{2m}{n}}(t)-\frac{2m}{2m-n}x(t)\,{}_CD_{t_0,t}^{\alpha}x^{\frac{2m}{n}-1}(t)+\frac{y(t_0)}{\Gamma(1-\alpha)}(t-t_0)^{-\alpha},
\end{aligned}
$$

其中 $y(s)=x^{\frac{2m}{n}}(s)-\dfrac{2m\cdot x(t)}{2m-n}x^{\frac{2m}{n}-1}(s)+\left(\dfrac{2m}{2m-n}-1\right)x^{\frac{2m}{n}}(t)$.

由式 (2.48) 得到

$$
{}_CD_{t_0,t}^{\alpha}x^{\frac{2m}{n}}(t)-\frac{2m}{2m-n}x(t)\,{}_CD_{t_0,t}^{\alpha}x^{\frac{2m}{n}-1}(t)+\frac{y(t_0)}{\Gamma(1-\alpha)}(t-t_0)^{-\alpha}
$$

$$=\frac{1}{\Gamma(1-\alpha)}\left[\frac{y(s)}{(t-s)^{\alpha}}\bigg|_{s=t}-\alpha\int_{t_0}^{t}\frac{y(s)}{(t-s)^{\alpha+1}}\mathrm{d}s\right].$$

利用式 (2.49) 和式 (2.50) 有

$${}_{C}D_{t_0,t}^{\alpha}x^{\frac{2m}{n}}(t)-\frac{2m}{2m-n}x(t)\,{}_{C}D_{t_0,t}^{\alpha}x^{\frac{2m}{n}-1}(t)+\frac{y(t_0)}{\Gamma(1-\alpha)}(t-t_0)^{-\alpha}\leqslant 0.$$

因此式 (2.57) 成立.

(iii) 由定理 2.7 中的 (ii) 得

$$\begin{aligned}
&D_{t_0,t}^{\alpha}x^{\frac{2m}{n}}(t)-\frac{2m}{n}x^{\frac{2m}{n}-1}(t)\,D_{t_0,t}^{\alpha}x(t)\\
=&{}_{C}D_{t_0,t}^{\alpha}x^{\frac{2m}{n}}(t)+\frac{x^{\frac{2m}{n}}(t_0)}{\Gamma(1-\alpha)}(t-t_0)^{-\alpha}\\
&-\frac{2m}{n}x^{\frac{2m}{n}-1}(t)\left[{}_{C}D_{t_0,t}^{\alpha}x(t)+\frac{x(t_0)}{\Gamma(1-\alpha)}(t-t_0)^{-\alpha}\right]\\
=&{}_{C}D_{t_0,t}^{\alpha}x^{\frac{2m}{n}}(t)-\frac{2m}{n}x^{\frac{2m}{n}-1}(t)\,{}_{C}D_{t_0,t}^{\alpha}x(t)\\
&+\frac{1}{\Gamma(1-\alpha)}(t-t_0)^{-\alpha}\left[x^{\frac{2m}{n}}(t_0)-\frac{2m}{n}x^{\frac{2m}{n}-1}(t)x(t_0)\right]\\
\leqslant&{}_{C}D_{t_0,t}^{\alpha}x^{\frac{2m}{n}}(t)-\frac{2m}{n}x^{\frac{2m}{n}-1}(t)\,{}_{C}D_{t_0,t}^{\alpha}x(t)+\frac{1}{\Gamma(1-\alpha)}(t-t_0)^{-\alpha}y(t_0),
\end{aligned}$$

其中 $y(s)=x^{\frac{2m}{n}}(s)-\frac{2m}{n}x(s)x^{\frac{2m}{n}-1}(t)+\left(\frac{2m}{n}-1\right)x^{\frac{2m}{n}}(t)$.

再利用式 (2.52), 可得

$$\begin{aligned}
&{}_{C}D_{t_0,t}^{\alpha}x^{\frac{2m}{n}}(t)-\frac{2m}{n}x(t)\,{}_{C}D_{t_0,t}^{\alpha}x^{\frac{2m}{n}-1}(t)+\frac{y(t_0)}{\Gamma(1-\alpha)}(t-t_0)^{-\alpha}\\
=&\frac{1}{\Gamma(1-\alpha)}\left[\frac{y(s)}{(t-s)^{\alpha}}\bigg|_{s=t}-\alpha\int_{t_0}^{t}\frac{y(s)}{(t-s)^{\alpha+1}}\mathrm{d}s\right].
\end{aligned}$$

利用式 (2.53) 和式 (2.54) 得到

$${}_{C}D_{t_0,t}^{\alpha}x^{\frac{2m}{n}}(t)-\frac{2m}{n}x(t)\,{}_{C}D_{t_0,t}^{\alpha}x^{\frac{2m}{n}-1}(t)+\frac{1}{\Gamma(1-\alpha)}(t-t_0)^{-\alpha}y(t_0)\leqslant 0.$$

于是式 (2.58) 得以证明.

(iv) 和 (v) 用式 (2.41) 和式 (2.42) 同样的证明方法, 可以得到式 (2.59) 和式 (2.60) 的证明.

注 2.3 特别地, 在式 (2.56) 中，当 $m=1$ 时,

$$D_{t_0,t}^{\alpha}x^2(t)\leqslant 2x(t)D_{t_0,t}^{\alpha}x(t). \tag{2.62}$$

定理 2.7 和定理 2.8 可以有效地避开分数阶导数的 Leibniz 公式，为后面的渐近稳定性分析做好了铺垫.

2.5 分数阶系统的渐近稳定性

分数阶复杂动态网络的同步问题往往可以转化为分析误差系统的渐近稳定性，因此分数阶系统的渐近稳定性是非常重要的.

2.5.1 线性系统的渐近稳定性

定理 2.9 [16] 对于分数阶线性自治系统:

$${}_CD_{0,t}^{\alpha}\boldsymbol{X}(t)=\boldsymbol{A}\boldsymbol{X}(t),\quad \boldsymbol{X}(0)=\boldsymbol{X}_0, \tag{2.63}$$

其中 $0<\alpha\leqslant 1$, $\boldsymbol{X}(t)\in\mathbb{R}^n$. 系统 (2.63) 是渐近稳定的当且仅当 $|\arg[\lambda_i(\boldsymbol{A})]|>\dfrac{\alpha\pi}{2}, i=1,2,\cdots,n$, 其中 $\arg[\lambda_i(A)]$ 表示特征值 $\lambda_i(\boldsymbol{A})$ 的辐角主值. 在这种情形下, $\boldsymbol{X}(t)$ 的状态分量以 $t^{-\alpha}$ 衰减到 0. 系统 (2.63) 是稳定的当且仅当渐近稳定或者关键特征值满足条件 $|\arg[\lambda_i(\boldsymbol{A})]|=\dfrac{\alpha\pi}{2}$ 且几何重数是 1.

证明: 这个定理的证明过程可以参考文献[16]，部分结果也可以参考推论2.1.

注 2.4 定理 2.9 中的渐近稳定又称为幂律（Power–Law）稳定或代数稳定.

2.5.2 非线性系统的渐近稳定性

下面给出后面定理要用到的一个概念.

定义 2.8 [11] 若连续函数 $\phi(t):[0,t)\to[0,+\infty)$ 严格单调增加，且 $\phi(0)=0$，称 $\phi(t)$ 属于 K 类函数.

定理 2.10 [11] 若 $\boldsymbol{x}=\boldsymbol{0}$ 是如下的非自治分数阶系统的平衡点:

$$ {}_{C}D_{0,t}^{\alpha}\boldsymbol{x}(t)=\boldsymbol{f}(t,\boldsymbol{x}). \tag{2.64}$$

假设 $V(t,\boldsymbol{x}(t)):[0,+\infty)\times\mathbb{R}^n\to\mathbb{R}$ 是连续可微函数且对 $\boldsymbol{x}$ 满足 Lipschitz 条件，使得

$$\alpha_1\|\boldsymbol{x}\|^a\leqslant V(t,\boldsymbol{x})\leqslant\alpha_2\|\boldsymbol{x}\|^{ab}, \tag{2.65}$$

$$ {}_{C}D_{0,t}^{\alpha}V(t,\boldsymbol{x})\leqslant-\alpha_3\|\boldsymbol{x}\|^{ab}, \tag{2.66}$$

其中 $t\geqslant 0,\boldsymbol{x}\in\mathbb{R}^n,\alpha\in(0,1),\alpha_1,\alpha_2,\alpha_3,a$ 和 b 都是任意的正常数，则平衡点 $\boldsymbol{x}=\boldsymbol{0}$ 是全局渐近稳定的.

证明: 由式 (2.65) 和式 (2.66) 可得

$$ {}_{C}D_{0,t}^{\alpha}V(t,\boldsymbol{x}(t))\leqslant-\frac{\alpha_3}{\alpha_2}V(t,\boldsymbol{x}(t)).$$

因此，存在非负函数 $M(t)$ 满足

$$ {}_{C}D_{0,t}^{\alpha}V(t,\boldsymbol{x}(t))+M(t)=-\alpha_3\alpha_2^{-1}V(t,\boldsymbol{x}(t)). \tag{2.67}$$

使用逆 Laplace 变换可得

$$s^{\alpha}V(s)-V(0)s^{\alpha-1}+M(s)=-\alpha_3\alpha_2^{-1}V(s),$$

其中非负常数 $V(0)=V(0,\boldsymbol{x}(0))$ 且 $V(s)=\mathscr{L}\{V(t,\boldsymbol{x}(t))\}$. 从而可得

$$V(s)=\frac{V(0)s^{\alpha-1}-M(s)}{s^{\alpha}+\dfrac{\alpha_3}{\alpha_2}}.$$

如果 $\boldsymbol{x}(0)=\mathbf{0}$, 即 $V(0)=0$, 系统 (2.64) 的解是 $\boldsymbol{x}=\mathbf{0}$. 如果 $\boldsymbol{x}(0)\neq\mathbf{0}, V(0)>0$，因为 $V(t,\boldsymbol{x})$ 对 $\boldsymbol{x}$ 是局部 Lipschitz 的, 对式 (2.67) 使用 Laplace 逆变换，可得

$$V(t)=V(0)E_{\alpha}\left(-\frac{\alpha_3}{\alpha_2}t^{\alpha}\right)-M(t)*\left[t^{\alpha-1}E_{\alpha,\alpha}\left(-\frac{\alpha_3}{\alpha_2}t^{\alpha}\right)\right].$$

由于 $t^{\alpha-1}$ 和 $E_{\alpha,\alpha}\left(-\frac{\alpha_3}{\alpha_2}t^{\alpha}\right)$ 都是非负函数, 可得

$$V(t)\leqslant V(0)E_{\alpha}\left(-\alpha_3\alpha_2^{-1}t^{\alpha}\right).$$

将这个方程代入式 (2.65)，可得

$$\|\boldsymbol{x}(t)\|\leqslant\left[\frac{V(0)}{\alpha_1}E_{\alpha}\left(-\frac{\alpha_3}{\alpha_2}t^{\alpha}\right)\right]^{\frac{1}{a}},$$

其中 $\frac{V(0)}{\alpha_1}>0$，当 $\boldsymbol{x}(0)\neq 0$.

令 $m=\frac{V(0)}{\alpha_1}=\frac{V(0,\boldsymbol{x}(0))}{\alpha_1}\geqslant 0$, 可得 $\|\boldsymbol{x}(t)\|\leqslant\left[mE_{\alpha}\left(-\frac{\alpha_3}{\alpha_2}t^{\alpha}\right)\right]^{\frac{1}{a}}$, 其中 $m=0$ 成立当且仅当 $\boldsymbol{x}(0)=\mathbf{0}$. 因为 $V(t,\boldsymbol{x})$ 对 $\boldsymbol{x}$ 是局部 Lipschitz 的且 $V(0,\boldsymbol{x}(0))=0$ 当且仅当 $\boldsymbol{x}(0)=\mathbf{0}$, 从而 $m=\frac{V(0,\boldsymbol{x}(0))}{\alpha_1}$ 对 $\boldsymbol{x}(0)$ 也是局部 Lipschitz 的且 $m(0)=0$, 这意味着系统 (2.64) Mittag-Leffler 稳定.

定理 2.11 [11] 若 $\boldsymbol{x}=\mathbf{0}$ 是如下的非自治分数阶系统 (2.64) 的平衡点. 假设存在 Lyapunov 函数 $V(t,\boldsymbol{x}(t))$ 和 K 类函数 $\phi_i, i=1,2,3$, 满足

$$\phi_1(\|\boldsymbol{x}\|)\leqslant V(t,\boldsymbol{x})\leqslant\phi_2(\|\boldsymbol{x}\|), \tag{2.68}$$

$${}_{C}D_{0,t}^{\alpha}V(t,\boldsymbol{x})\leqslant-\phi_3(\|\boldsymbol{x}\|), \tag{2.69}$$

则系统 (2.64) 的平衡点渐近稳定.

证明: 利用式 (2.68) 和式 (2.69) 可得

$${}_{C}D_{0,t}^{\alpha}V\leqslant-\alpha_3\left(\alpha_2^{-1}(V)\right). \tag{2.70}$$

利用分数阶的比较原理 2.22 且 $V(t,\boldsymbol{x}) \geqslant 0$，可得 $V(t,\boldsymbol{x}(t)) \leqslant V(0,\boldsymbol{x}(0))$. 下面分两种情况讨论：

情况1: 假设存在 $t_1 \geqslant 0$ 满足 $V(t_1,\boldsymbol{x}(t_1)) = 0$, 从式 (2.68) 可得 $\boldsymbol{x}(t_1) = \mathbf{0}$. 由 $\boldsymbol{x} = \mathbf{0}$ 是系统 (2.64) 的平衡点，则 $\boldsymbol{x}(t) = \mathbf{0}, t \geqslant t_1$.

情况2: 假设存在正常数 ε，使得 $V(t,\boldsymbol{x}) \geqslant \varepsilon, t \geqslant 0$. 从 $V(t,\boldsymbol{x}) \leqslant V(0,\boldsymbol{x}(0))$ 可得

$$0 < \varepsilon \leqslant V(t,\boldsymbol{x}) \leqslant V(0,\boldsymbol{x}(0)), \quad t \geqslant 0. \tag{2.71}$$

将式 (2.71) 代入式 (2.70) 可得

$$-\alpha_3\left(\alpha_2^{-1}(V(t,\boldsymbol{x}))\right) \leqslant -\alpha_3(\alpha_2^{-1}(\varepsilon)) = -\frac{\alpha_3\left(\alpha_2^{-1}(\varepsilon)\right)}{V(0,\boldsymbol{x}(0))} V(0,\boldsymbol{x}(0)) \leqslant -lV(t,\boldsymbol{x}), \tag{2.72}$$

其中 $0 < l = \dfrac{\alpha_3\left(\alpha_2^{-1}(\varepsilon)\right)}{g(0)}$. 从而可得 ${}_0^C D_t^\alpha V(t,\boldsymbol{x}(t)) \leqslant -\alpha_3\left(\alpha_2^{-1}(V(t,\boldsymbol{x}))\right) \leqslant -lV(t,\boldsymbol{x})$. 类似于定理 2.10 可以证明 $\bar{V}(t,\boldsymbol{x}) \leqslant V(0,\boldsymbol{x}(0))E_\alpha(-lt^\alpha)$, 显然与假设 $V(t,s) \geqslant \varepsilon$ 矛盾.

根据情况 1 和情况 2 的讨论，当 $t \to \infty$ 时，可得 $V(t,\boldsymbol{x})$ 趋于零. 利用式 (2.68)，可得 $\lim\limits_{t\to\infty} \boldsymbol{x}(t) = \mathbf{0}$.

注 2.5 与定理 2.11 类似的结果也可以参考文献 [17].

2.5.3 时滞线性系统的渐近稳定性

本小节给出分数阶线性时滞系统的渐近稳定性[18]. 考虑带有多重时滞的 n 维分数阶线性系统:

$$\begin{cases} {}_C D_{0,t}^{\alpha_1} x_1(t) = a_{11}x_1(t-\tau_{11}) + a_{12}x_2(t-\tau_{12}) + \cdots + a_{1n}x_n(t-\tau_{1n}), \\ {}_C D_{0,t}^{\alpha_2} x_2(t) = a_{21}x_1(t-\tau_{21}) + a_{22}x_2(t-\tau_{22}) + \cdots + a_{2n}x_n(t-\tau_{2n}), \\ \qquad \cdots\cdots \\ {}_C D_{0,t}^{\alpha_n} x_n(t) = a_{n1}x_1(t-\tau_{n1}) + a_{n2}x_2(t-\tau_{n2}) + \cdots + a_{nn}x_n(t-\tau_{nn}), \end{cases} \tag{2.73}$$

其中$0<\alpha_i<1$，初值$x_i(t)=\phi_i(t),-\tau_{\max}\leqslant t\leqslant 0$，且$\tau_{\max}=\max_{i,j}\tau_{ij}$，$i,j=1,2,\cdots,n$. 在这个系统中，时滞矩阵$\boldsymbol{T}=(\tau_{ij})_{n\times n}\in(\mathbb{R}^+)^{n\times n}$，系数矩阵$\boldsymbol{A}=(a_{ij})_{n\times n}$，状态变量$x_i(t),x_i(t-\tau_{ij})\in\mathbb{R}$，且初始值$\phi_i(t)\in C^0[-\tau_{\max},0]$.

下面考虑系统的稳定性. 对系统 (2.73) 的两边进行 Laplace 变换，可得

$$\begin{cases} s^{\alpha_1}X_1(s)-s^{\alpha_1-1}\phi_1(0)=a_{11}\mathrm{e}^{-s\tau_{11}}\left(X_1(s)+\int_{-\tau_{11}}^{0}\mathrm{e}^{-st}\phi_1(t)\mathrm{d}t\right)\\ \quad +a_{12}\mathrm{e}^{-s\tau_{12}}\left(X_2(s)+\int_{-\tau_{12}}^{0}\mathrm{e}^{-st}\phi_2(t)\mathrm{d}t\right)+\cdots+a_{1n}\mathrm{e}^{-s\tau_{1n}}\left(X_n(s)+\int_{-\tau_{1n}}^{0}\mathrm{e}^{-st}\phi_n(t)\mathrm{d}t\right),\\ s^{\alpha_2}X_2(s)-s^{\alpha_2-1}\phi_2(0)=a_{21}\mathrm{e}^{-s\tau_{21}}\left(X_1(s)+\int_{-\tau_{21}}^{0}\mathrm{e}^{-st}\phi_1(t)\mathrm{d}t\right)\\ \quad +a_{22}\mathrm{e}^{-s\tau_{22}}\left(X_2(s)+\int_{-\tau_{22}}^{0}\mathrm{e}^{-st}\phi_2(t)\mathrm{d}t\right)+\cdots+a_{2n}\mathrm{e}^{-s\tau_{2n}}\left(X_n(s)+\int_{-\tau_{2n}}^{0}\mathrm{e}^{-st}\phi_n(t)\mathrm{d}t\right),\\ \qquad\qquad\cdots\cdots\\ s^{\alpha_n}X_n(s)-s^{\alpha_n-1}\phi_n(0)=a_{n1}\mathrm{e}^{-s\tau_{n1}}\left(X_1(s)+\int_{-\tau_{n1}}^{0}\mathrm{e}^{-st}\phi_1(t)\mathrm{d}t\right)\\ \quad +a_{n2}\mathrm{e}^{-s\tau_{n2}}\left(X_2(s)+\int_{-\tau_{n2}}^{0}\mathrm{e}^{-st}\phi_2(t)\mathrm{d}t\right)+\cdots+a_{nn}\mathrm{e}^{-s\tau_{nn}}\left(X_n(s)+\int_{-\tau_{nn}}^{0}\mathrm{e}^{-st}\phi_n(t)\mathrm{d}t\right), \end{cases} \tag{2.74}$$

其中$X_i(s)=\mathscr{L}(x_i(t))$是$x_i(t),i=1,2,\cdots,n$的 Laplace 变换.

将式 (2.74)写成矩阵形式

$$\begin{pmatrix} s^{\alpha_1}-a_{11}\mathrm{e}^{-s\tau_{11}} & -a_{12}\mathrm{e}^{-s\tau_{12}} & \cdots & -a_{1n}\mathrm{e}^{-s\tau_{1n}}\\ -a_{21}\mathrm{e}^{-s\tau_{21}} & s^{\alpha_2}-a_{22}\mathrm{e}^{-s\tau_{22}} & \cdots & -a_{2n}\mathrm{e}^{-s\tau_{2n}}\\ \vdots & \vdots & \ddots & \vdots\\ -a_{n1}\mathrm{e}^{-s\tau_{n1}} & -a_{n2}\mathrm{e}^{-s\tau_{n2}} & \cdots & s^{\alpha_n}-a_{nn}\mathrm{e}^{-s\tau_{nn}} \end{pmatrix}\cdot\begin{pmatrix}X_1(s)\\X_2(s)\\\vdots\\X_n(s)\end{pmatrix}=\begin{pmatrix}b_1(s)\\b_2(s)\\\vdots\\b_n(s)\end{pmatrix} \tag{2.75}$$

其中

$$\begin{cases} b_1(s)=a_{11}\mathrm{e}^{-s\tau_{11}}\int_{-\tau_{11}}^{0}\mathrm{e}^{-st}\phi_1(t)\mathrm{d}t+a_{12}\mathrm{e}^{-s\tau_{12}}\int_{-\tau_{12}}^{0}\mathrm{e}^{-st}\phi_2(t)\mathrm{d}t+\cdots+a_{1n}\mathrm{e}^{-s\tau_{1n}}\int_{-\tau_{1n}}^{0}\mathrm{e}^{-st}\phi_n(t)\mathrm{d}t+s^{\alpha_1-1}\phi_1(0),\\ b_2(s)=a_{21}\mathrm{e}^{-s\tau_{21}}\int_{-\tau_{21}}^{0}\mathrm{e}^{-st}\phi_1(t)\mathrm{d}t+a_{22}\mathrm{e}^{-s\tau_{22}}\int_{-\tau_{22}}^{0}\mathrm{e}^{-st}\phi_2(t)\mathrm{d}t+\cdots+a_{2n}\mathrm{e}^{-s\tau_{2n}}\int_{-\tau_{2n}}^{0}\mathrm{e}^{-st}\phi_n(t)\mathrm{d}t+s^{\alpha_2-1}\phi_2(0),\\ \qquad\qquad\cdots\cdots\\ b_n(s)=a_{n1}\mathrm{e}^{-s\tau_{n1}}\int_{-\tau_{n1}}^{0}\mathrm{e}^{-st}\phi_1(t)\mathrm{d}t+a_{n2}\mathrm{e}^{-s\tau_{n2}}\int_{-\tau_{n2}}^{0}\mathrm{e}^{-st}\phi_2(t)\mathrm{d}t+\cdots+a_{nn}\mathrm{e}^{-s\tau_{nn}}\int_{-\tau_{nn}}^{0}\mathrm{e}^{-st}\phi_n(t)\mathrm{d}t+s^{\alpha_n-1}\phi_n(0). \end{cases}$$

为了方便起见，将式 (2.75)简写为

$$\boldsymbol{\Delta}(s)\cdot\boldsymbol{X}(s)=\boldsymbol{B}(s). \tag{2.76}$$

将$\boldsymbol{\Delta}(s)$称为系统 (2.73) 的特征矩阵，$\det(\boldsymbol{\Delta}(s))$称为系统 (2.73) 的特征多项式.

把式 (2.75) 的两边同乘以 s 可得

$$\mathbf{\Delta}(s)\cdot\begin{pmatrix} sX_1(s) \\ sX_2(s) \\ \vdots \\ sX_n(s) \end{pmatrix} = \begin{pmatrix} sb_1(s) \\ sb_2(s) \\ \vdots \\ sb_n(s) \end{pmatrix}. \tag{2.77}$$

如果超越方程 $\det(\mathbf{\Delta}(s)) = 0$ 的根都在开的左半复平面，即 $\mathrm{Re}(s) < 0$，则在区域 $\mathrm{Re}(s) \geqslant 0$ 上方程 (2.77) 的系数行列式不为零. 因此，方程 (2.77) 在区域 $\mathrm{Re}(s) \geqslant 0$ 上有唯一的解 $(sX_1(s), sX_2(s), \cdots, sX_n(s))$. 从而

$$\lim_{s\to 0, \mathrm{Re}(s)\geqslant 0} sX_i(s) = 0, \quad i = 1, 2, \cdots, n. \tag{2.78}$$

利用 Laplace 变换终值定理[19]，可得

$$\lim_{t\to+\infty} x_i(t) = \lim_{s\to 0, \mathrm{Re}(s)\geqslant 0} sX_i(s) = 0, \quad i = 1, 2, \cdots, n. \tag{2.79}$$

所以，可以得到下面的结果.

引理 2.24 如果特征方程 $\det(\mathbf{\Delta}(s)) = 0$ 所有根的实部都是负的，则系统 (2.73) 的零解全局 Lyapunov 渐近稳定.

推论 2.1 若 $\tau_{ij} = 0, i, j = 1, 2, \cdots, n$ 且 $\alpha_1 = \alpha_2 = \cdots = \alpha_n = \alpha \in (0, 1)$. 假设方程 $\det(\lambda I - A) = 0$ 满足 $|\arg(\lambda)| > \dfrac{\alpha\pi}{2}$，则系统 (2.73) 的零解全局 Lyapunov 渐近稳定.

推论 2.2 若 $\tau_{ij} = 0, i, j = 1, 2, \cdots, n$ 且 $\alpha_i = \dfrac{v_i}{u_i}$ 是 $0 \sim 1$ 的有理数，$(u_i, v_i) = 1$，$u_i, v_i \in \mathbb{Z}^+$. 令 M 表示 u_i 的最小公倍数，$\gamma = \dfrac{1}{M}$. 如果方程

$$\det\begin{pmatrix} \lambda^{M\alpha_1} - a_{11} & -a_{12} & \cdots & -a_{1n} \\ -a_{21} & \lambda^{M\alpha_2} - a_{22} & \cdots & -a_{2n} \\ \vdots & \vdots & \ddots & \vdots \\ -a_{n1} & -a_{n2} & \cdots & \lambda^{M\alpha_n} - a_{nn} \end{pmatrix} = 0 \tag{2.80}$$

的所有根 λ 满足 $|\arg(\lambda)| > \frac{\gamma\pi}{2}$，则系统 (2.73) 的零解全局 Lyapunov 渐近稳定.

注 2.6 从上述推论可以看出，当 $\alpha_i, i=1,2,\cdots,n$ 是有理数，系统 (2.73) 的特征方程转化为整数阶的多项式方程，可以简化计算.

推论 2.3 若 $\alpha_1=\alpha_2=\cdots=\alpha_n=\alpha\in(0,1)$, $\boldsymbol{A}$ 的所有特征值 λ 满足 $|\arg(\lambda)| > \frac{\alpha\pi}{2}$ 且对于所有的 $\tau_{ij}>0, i,j=1,2,\cdots,n$，特征方程 $\det(\boldsymbol{\Delta}(s))=0$ 没有纯虚根，则系统 (2.73) 的零解全局 Lyapunov 渐近稳定.

推论 2.4 设 q_i, $i=1,2,\cdots,n$ 是 $0\sim1$ 的有理数. 令 M 是 q_i 的分母 u_i 的最小公倍数，$q_i=\frac{v_i}{u_i}, (u_i,v_i)=1, u_i,v_i\in\mathbb{Z}^+$，$\gamma=\frac{1}{M}$. 若方程 (2.80) 的根 λ 满足 $|\arg(\lambda)| > \frac{\gamma\pi}{2}$ 且对于所有的 $\tau_{ij}>0, i,j=1,2,\cdots,n$，特征方程 $\det(\boldsymbol{\Delta}(s))=0$ 没有纯虚根，则系统 (2.73) 的零解全局 Lyapunov 渐近稳定.

2.5.4 时滞非线性系统的渐近稳定性

对于带有 Caputo 导数的非自治时滞系统

$$ {}_CD_{0,t}^{\alpha}\boldsymbol{x}(t)=\boldsymbol{f}(t,\boldsymbol{x}(t),\boldsymbol{x}(t-\tau)), \tag{2.81}$$

初始条件为 $\boldsymbol{x}(t)=\boldsymbol{x}_0(t), t\in[-\tau,0]$，其中 $\alpha\in(0,1)$，$f:[0,\infty)\times\Omega\to\mathbb{R}^n$ 对 t 是逐段连续且对 $\boldsymbol{x}$ 满足局部 Lipschitz 条件. $\Omega\in\mathbb{R}^n$ 是包含平衡点 $\boldsymbol{x}=\boldsymbol{0}$ 的一个区域.

由引理 2.10 可知，Lyapunov 方法可以得到分数阶非线性系统的渐近稳定性. 下面，将 Lyapunov 方法推广到时滞情形，将会得到相应的 Lyapunov 渐近稳定性. 基于文献 [11,18,20]，建立了如下的定理.

定理 2.12 若 $\boldsymbol{x}=\boldsymbol{0}$ 是系统 (2.81) 的平衡点，且存在连续可微的 Lyapunov 函数 $V(t,\boldsymbol{x}(t)):[-\tau,+\infty)\times\Omega\to R$，对于 $\boldsymbol{x}$ 满足局部 Lipschitz 条件，还满足条件:

$$\text{(i) } \alpha_1\|\boldsymbol{x}(t)\|^a \leqslant V(t,\boldsymbol{x}(t)) \leqslant \alpha_2\|\boldsymbol{x}(t)\|^{ab}, \tag{2.82}$$

$$\text{(ii) } {}_CD_{0,t}^{\alpha}V(t,\boldsymbol{x}(t)) \leqslant -\alpha_3\|\boldsymbol{x}(t)\|^{ab}+\alpha_4\|\boldsymbol{x}(t-\tau)\|^a, \tag{2.83}$$

$$\text{(iii) } \nu<\mu\sin\left(\frac{\alpha\pi}{2}\right), \tag{2.84}$$

其中 $a, b, \alpha_1, \alpha_2, \alpha_3$ 是正常数，$\mu=\dfrac{\alpha_3}{\alpha_2}$，$\nu=\dfrac{\alpha_4}{\alpha_1}$. 则系统 (2.81) 的平衡点 $\boldsymbol{x}=\mathbf{0}$ 是渐近 Lyapunov 稳定的.

证明： 由式 (2.82) 和式 (2.83) 可得

$$ {}_{C}D_{0,t}^{\alpha}V(t,\boldsymbol{x}(t)) \leqslant -\frac{\alpha_3}{\alpha_2}V(t,\boldsymbol{x}(t))+\frac{\alpha_4}{\alpha_1}V(t-\tau,\boldsymbol{x}(t-\tau)), \tag{2.85} $$

其中 $t\geqslant 0$.

建立如下的系统:

$$ {}_{C}D_{0,t}^{\alpha}W(t,\boldsymbol{x}(t))=-\mu W(t,\boldsymbol{x}(t))+\nu W(t-\tau,\boldsymbol{x}(t-\tau)), \tag{2.86} $$

其中 $W(t,\boldsymbol{x}(t))$ 与 $V(t,\boldsymbol{x}(t))$ 有着相同的初始条件，且 $\mu=\dfrac{\alpha_3}{\alpha_2}$，$\nu=\dfrac{\alpha_4}{\alpha_1}$. 由引理 2.22，可得

$$ 0\leqslant V(t,\boldsymbol{x}(t))\leqslant W(t,\boldsymbol{x}(t)). \tag{2.87} $$

由引理 2.24，系统 (2.86) 的特征方程是

$$ \det(\boldsymbol{\Delta}(s))=s^{\alpha}+\mu-\nu\exp(-s\tau)=0. $$

假设 $s=\omega i=|\omega|\left(\cos\left(\dfrac{\pi}{2}\right)+i\sin\left(\pm\dfrac{\pi}{2}\right)\right)$，将 s 代入 $\det(\boldsymbol{\Delta}(s))$ 可得

$$ |\omega|^{\alpha}\left[\cos\left(\frac{\alpha\pi}{2}\right)+i\sin\left(\pm\frac{\alpha\pi}{2}\right)\right]+\mu-\nu\left[\cos(\tau\omega)-i\sin(\tau\omega)\right]=0. $$

将实部和虚部分离可得

$$ |\omega|^{\alpha}\cos\left(\frac{\alpha\pi}{2}\right)+\mu=\nu\cos(\tau\omega), \tag{2.88} $$

$$ |\omega|^{\alpha}\sin\left(\pm\frac{\alpha\pi}{2}\right)=-\nu\sin(\tau\omega). \tag{2.89} $$

利用式 (2.88) 和式 (2.89) 得到

$$ |\omega|^{2\alpha}+2\mu\cos\left(\frac{\alpha\pi}{2}\right)|\omega|^{\alpha}+\mu^2-\nu^2=0. \tag{2.90} $$

显然，当 $\nu < \mu \sin\left(\frac{\alpha\pi}{2}\right)$，不存在实数 ω 满足方程 (2.90). 进一步地，矩阵 $\boldsymbol{M}$ 的特征值是 $\nu-\mu$. 由 $\nu < \mu \sin\left(\frac{\alpha\pi}{2}\right)$，可得 $\nu<\mu$，即 $\nu-\mu<0$，从而 $|\arg(\lambda(\boldsymbol{M}))| > \pi/2$. 因此，$W(t,\boldsymbol{x}(t)) \to 0$，当 $t\to+\infty$ 时.

利用式 (2.87)，$V(t,\boldsymbol{x}(t)) \to 0$，当 $t\to+\infty$ 时，即系统 (2.81) 的解 $\boldsymbol{x}(t)$ 收敛于 $\boldsymbol{x}=\boldsymbol{0}$.

上面的引理和定理主要给出了分数阶系统的渐近稳定性判定定理，引理 2.9 可以判别分数阶线性系统的渐近稳定性，引理 2.10 可以判别分数阶非线性系统的渐近稳定性，引理 2.24 可以判别分数阶线性时滞系统的渐近稳定性，定理 2.12 可以判别分数阶非线性时滞系统的渐近稳定性.

2.6 Caputo 微分方程的预估 — 校正算法

在本文中，采用 Adams-Bashforth-Moulton 预估 — 校正算法求解 Caputo 分数阶微分方程. Adams-Bashforth-Moulton 预估 — 校正算法[21] 是由 Diethelm 等提出的求解 Caputo 微分方程的一种算法.

考虑如下的初值问题

$$
{}_CD_{0,t}^{\alpha}y(t) = f(t,y(t)), \quad 0 \leqslant t \leqslant T, \tag{2.91}
$$

$$
y^{(k)}(0) = y_0^{(k)}, \quad k=0,1,\cdots,n-1, \alpha\in(n-1,n], \tag{2.92}
$$

其中 f 是非线性函数. 初值问题 (2.91)、(2.92) 等价于 Volterra 积分方程

$$
y(t) = \sum_{k=0}^{n-1} y_0^{(k)} \frac{t^k}{k!} + \frac{1}{\Gamma(\alpha)} \int_0^t (t-\tau)^{\alpha-1} f(\tau,y(\tau))\mathrm{d}\tau. \tag{2.93}
$$

考虑一致网格 $t_m = mh, m=0,1,\cdots,M$，将区间 $[0,T]$ 分成 M 等分，步长 $h=T/M$. 令 $y_h(t_m)$ 表示 $y(t)$ 在 t_m 处的近似值.

为了得到初值问题 (2.91)、(2.92) 的近似解 $y_h(t_m), m=1,2,\cdots,M$. 先利用下面的式子计算预估值 $y_h^P(t_{m+1}), m=0,1,\cdots,M-1$,

$$
y_h^P(t_{m+1}) = \sum_{k=0}^{n-1} \frac{t_{m+1}^k}{k!} y_0^{(k)} + \frac{1}{\Gamma(\alpha)} \sum_{j=0}^{m} b_{j,m+1} f(t_j, y_m(t_j)), \tag{2.94}
$$

其中

$$b_{j,m+1}=\frac{h^{\alpha}}{\alpha}\left[(m+1-j)^{\alpha}-(m-j)^{\alpha}\right].$$

然后，对预估值进行校正

$$y_h(t_{m+1})=\sum_{k=0}^{n-1}\frac{t_{m+1}^{k}}{k!}y_0^{(k)}+\frac{h^{\alpha}}{\Gamma(\alpha+2)}f(t_{m+1},y_h^{P}(t_{m+1}))+\frac{h^{\alpha}}{\Gamma(\alpha+2)}\sum_{j=0}^{m}a_{j,m+1}f(t_j,y_m(t_j)),$$

其中

$$a_{j,m+1}=\begin{cases}m^{\alpha+1}-(m-\alpha)(m+1)^{\alpha}, & j=0,\\ (m-j+2)^{\alpha+1}+(m-j)^{\alpha+1}-2(m-j+1)^{\alpha+1}, & 1\leqslant j\leqslant m,\\ 1, & j=m+1,\end{cases}$$

依次进行计算，可以得到所需要的近似解. 另外，这种方法的误差是

$$\max_{j=0,1,\cdots,M}|y(t_j)-y_h(t_j)|=O(h^{p}),$$

其中 $p=\min\{2,1+\alpha\}$.

Adams-Bashforth-Moulton 预估 — 校正算法是数值求解 Caputo 微分方程的一种比较经典的算法.

2.7 几类典型的分数阶混沌系统

在研究分数阶复杂网络同步时，分数阶混沌系统经常作为分数阶复杂网络的节点动力系统，因此本节重点介绍经典的 Lorenz 系统、Chen 系统、Lü 系统、统一系统、Chua 电路、Rössler 系统. 还有很多分数阶混沌系统，本书不再一一列举.

2.7.1 Lorenz 系统族

1963 年，美国气象学家 Lorenz 在一个三维自治系统中发现了第一个整数阶的混沌吸引子，这就是著名的 Lorenz 系统，在此基础上得到了分数阶 Lorenz 系统[22]，如下：

$$
\begin{aligned}
{}_{C}D_{0,t}^{\alpha}x &= a(y-x),\\
{}_{C}D_{0,t}^{\alpha}y &= cx-y-xz,\\
{}_{C}D_{0,t}^{\alpha}z &= xy-bz,
\end{aligned}
\tag{2.95}
$$

其中 a,b,c 是参数. 当 $a=10, b=8/3, c=28$ 时，分数阶系统 (2.95) 的状态如图 2.1 所示.

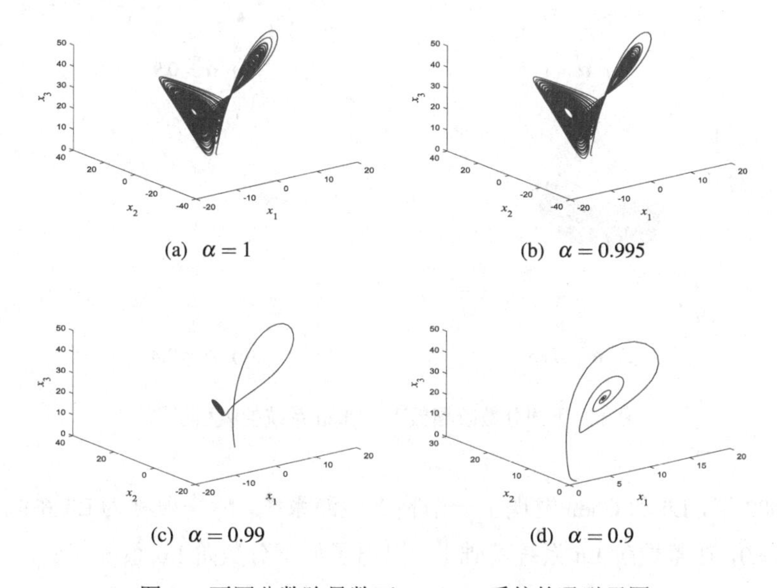

(a) $\alpha=1$　　(b) $\alpha=0.995$

(c) $\alpha=0.99$　　(d) $\alpha=0.9$

图 2.1 不同分数阶导数下，Lorenz 系统的吸引子图

1999 年，陈关荣在混沌系统的反控制研究过程中，发现了一个新的混沌系统. 人们将该系统称为 Chen 系统. 在此基础上，学者们构造了分数阶的 Chen 系

统[23]，可以描述为：

$$
\begin{aligned}
{}_{C}D_{0,t}^{\alpha}x &= a(y-x),\\
{}_{C}D_{0,t}^{\alpha}y &= (c-a)x-xz+cy,\\
{}_{C}D_{0,t}^{\alpha}z &= xy-bz,
\end{aligned}
\tag{2.96}
$$

其中 $a=35,b=3,c=28$. Chen 吸引子如图 2.2 所示.

Chen 系统与 Lorenz 系统有着相似的代数结构，但它们之间并不拓扑等价，即不能通过拓扑同胚变换将一个变换为另一个. Chen 系统有比 Lorenz 系统更复杂的拓扑结构和动力学行为.

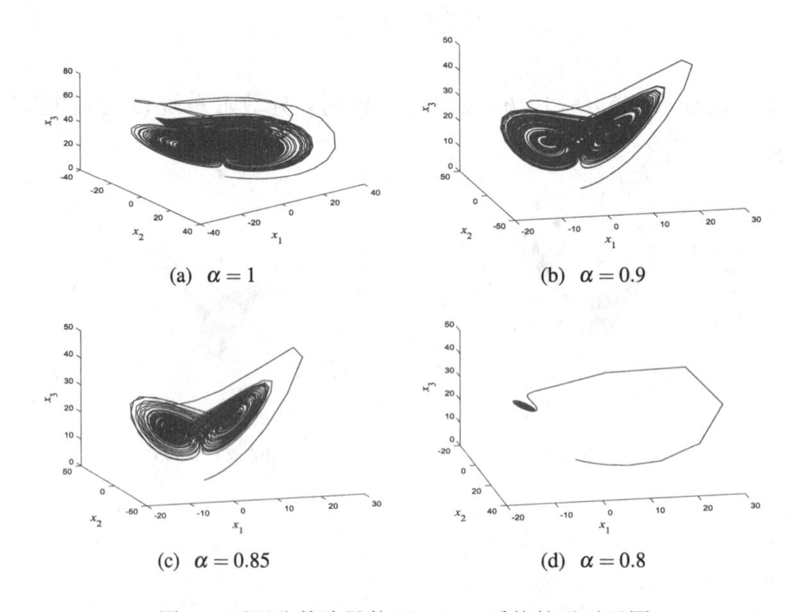

(a) $\alpha=1$ (b) $\alpha=0.9$

(c) $\alpha=0.85$ (d) $\alpha=0.8$

图 2.2 不同分数阶导数下，Chen 系统的吸引子图

2002 年，Lü 和 Chen 发现了一个临界混沌系统，后来被称为 Lü 系统. 满足 $a_{12}a_{21}=0$，在整数阶 Lü 系统基础上，提出了如下分数阶 Lü 系统：

$$
\begin{aligned}
{}_{C}D_{0,t}^{\alpha}x &= a(y-x),\\
{}_{C}D_{0,t}^{\alpha}y &= -xz+cy,\\
{}_{C}D_{0,t}^{\alpha}z &= xy-bz,
\end{aligned}
\tag{2.97}
$$

其中 $a=35, b=3, c=28$. Lü 吸引子如图 2.3 所示. 显然，分数阶 Lü 系统在分数阶 Lorenz 系统和分数阶 Chen 系统之间架起了一座桥梁，实现了一个系统到另一个系统的过渡. 2002 年，Lü 和 Chen 提出了统一混沌系统，通过引入一个可变

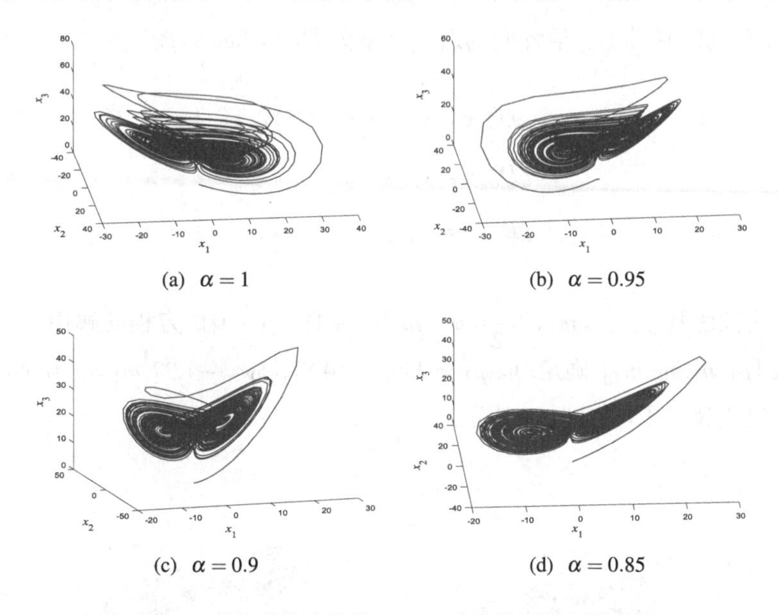

(a) $\alpha=1$　(b) $\alpha=0.95$

(c) $\alpha=0.9$　(d) $\alpha=0.85$

图 2.3 不同分数阶导数下，Lü 系统的混沌吸引子图

参数，实现了三个系统 (Lorenz 系统、Lü 系统、Chen 系统) 之间的连续演变. 在此基础上，提出了如下分数阶统一混沌系统[24]：

$$\begin{aligned}
{}_C D_{0,t}^{\alpha} x &= (25\theta+10)(y-x), \\
{}_C D_{0,t}^{\alpha} y &= (28-35\theta)x - xz + (29\theta-1)y, \\
{}_C D_{0,t}^{\alpha} z &= xy - \frac{\theta+8}{3}z,
\end{aligned} \tag{2.98}$$

其中 θ 是实参数. 从本质上来说，分数阶统一混沌系统是分数阶 Lorenz 系统和分数阶 Chen 系统的凸组合. 然而它代表了由中间无穷多个分数阶混沌系统组成的整个族，而分数阶 Lorenz 系统和分数阶 Chen 系统是它的两个特殊情况. 当 $\theta=0$ 时，对应分数阶 Lorenz 系统. 当 $\theta=1$ 时, 对应分数阶 Chen 系统.

2.7.2 Chua 系统

Chua 构造的 Chua 电路是第一个真正用物理手段实现的混沌系统. 在整数阶 Chua 系统的基础上，学者们构造了如下分数阶 Chua 系统[25]：

$$
\begin{aligned}
{}_CD_{0,t}^{\alpha}x &= p_1(y-x-f(x)),\\
{}_CD_{0,t}^{\alpha}y &= x-y+z,\\
{}_CD_{0,t}^{\alpha}z &= -p_2y,
\end{aligned}
\tag{2.99}
$$

其中非线性函数 $f(x)=m_1x+\dfrac{1}{2}(m_0-m_1)(|x+1|-|x-1|)$. 方程的解由一个 4 元参数组 $\{p_1,p_2,m_0,m_1\}$ 确定. 取 $p_1=9,p_2=14.87,m_0=-1.27,m_1=-0.68$，系统会产生混沌吸引子，如图 2.4 所示.

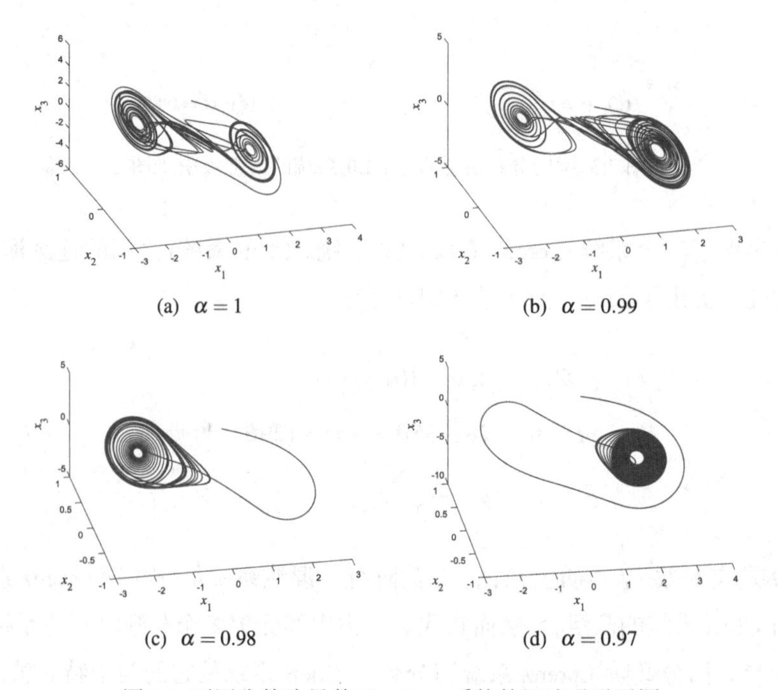

(a) $\alpha=1$　(b) $\alpha=0.99$

(c) $\alpha=0.98$　(d) $\alpha=0.97$

图 2.4 不同分数阶导数下，Chua 系统的混沌吸引子图

2.7.3 Rössler 系统

在整数阶 Rössler 系统的基础上，提出了如下分数阶 Rössler 系统：

$$
\begin{aligned}
{}_{C}D_{0,t}^{\alpha}x &= -(y+z),\\
{}_{C}D_{0,t}^{\alpha}y &= x+ay,\\
{}_{C}D_{0,t}^{\alpha}z &= b+z(x-c),
\end{aligned}
\tag{2.100}
$$

其中, $a=0.6, b=6, c=0.6$，混沌吸引子如图 2.5 所示. 这是一个分数阶自治微分方程产生混沌的最简单模型，方程右端仅包含一个二次项.

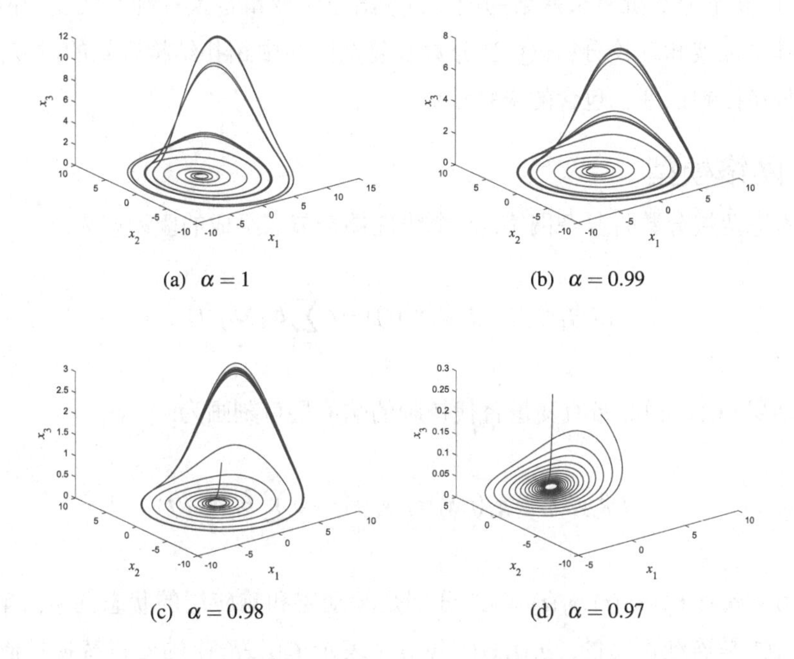

(a) $\alpha=1$ (b) $\alpha=0.99$

(c) $\alpha=0.98$ (d) $\alpha=0.97$

图 2.5 不同分数阶导数下, Rössler 系统的混沌吸引子图

第3章　分数阶复杂网络的变量替换控制

变量替换控制是用一个系统的输出信号作为另一个系统的输入, 即抽取驱动系统的部分变量替换响应系统中的相应变量, 使得两个系统达到同步[26–28].变量替换控制在保密通信中有着广泛的应用. 目前, 基于变量替换控制的同步主要集中于一些三阶混沌系统, 例如 Lorenz 系统[29,30]、Lur'e 系统[31]、修正的 Chen 系统[32] 等. 值得注意的是, 吴晓群等人[33] 以 Lorenz 系统作为动力系统探讨了基于变量替换控制的整数阶复杂网络的同步.

到目前为止, 变量替换控制的研究主要针对整数阶复杂网络, 但是对于分数阶复杂网络的研究还非常少见. 本章的贡献主要有三个方面: ① 基于替代变换控制, 研究了分数阶复杂网络的同步; ② 给出了变量替换控制实现复杂网络同步的基本框架和理论分析; ③ 当分数阶复杂网络中拓扑结构未知的时候, 通过变量替换控制识别了包含的未知参数.

3.1 网络模型

考虑两层分数阶复杂网络. N 个线性耦合节点组成的驱动层为:

$$
{}_{C}D_{0,t}^{\alpha}\boldsymbol{x}_i(t) = \boldsymbol{f}_i(t,\boldsymbol{x}_i(t)) + c\sum_{j=1}^{N} b_{ij}\boldsymbol{A}\boldsymbol{x}_j(t). \tag{3.1}
$$

由驱动层 (3.1) 可知, 带有变量替代控制的响应层可刻画为:

$$
{}_{C}D_{0,t}^{\alpha}\boldsymbol{y}_i(t) = \boldsymbol{g}_i(t,\boldsymbol{x}_i(t),\boldsymbol{y}_i(t)) + c\sum_{j=1}^{N} \hat{b}_{ij}\boldsymbol{A}\boldsymbol{y}_j(t), \tag{3.2}
$$

其中 $0<\alpha<1$, $\boldsymbol{x}_i(t),\boldsymbol{y}_i(t)\in\mathbb{R}^n$ 分别是驱动层和响应层的状态向量, 函数 $\boldsymbol{f}:\mathbb{R}^n\to\mathbb{R}^n$ 是连续可微的, $\boldsymbol{g}_i(t,\boldsymbol{x}_i(t),\boldsymbol{y}_i(t))$ 表示 $\boldsymbol{f}_i(t,\boldsymbol{x}_i(t))$ 的变量替换控制后的函数, $\boldsymbol{A}$ 是内部耦合矩阵, $c\in\mathbb{R}$ 是耦合强度. $\boldsymbol{B}=(b_{ij})\in\mathbb{R}^{N\times N}$ 是外部耦合矩阵, 且矩阵 $\boldsymbol{B}$ 中的元素有如下定义: 如果从节点 j 到节点 i 之间存在连接, 则 $b_{ij}=b_{ji}=1(i\neq j)$; 否则, 有 $b_{ij}=b_{ji}=0(i\neq j)$; 此外, 定义矩阵 $\boldsymbol{B}$ 的对角线元素, 使得它的行和为零. $\hat{\boldsymbol{B}}=(\hat{b}_{ij})\in\mathbb{R}^{N\times N}$ 是响应网络中未知的外部耦合矩阵.

令 $\boldsymbol{e}_i=\boldsymbol{y}_i(t)-\boldsymbol{x}_i(t)$, 利用驱动层 (3.1) 和响应层 (3.2) 可以得到误差网络为:

$$
{}_CD_{0,t}^{\alpha}\boldsymbol{e}_i(t)=\boldsymbol{f}_i(t)+c\sum_{j=1}^{N}\left[\hat{b}_{ij}A\boldsymbol{y}_j(t)-b_{ij}A\boldsymbol{x}_j(t)\right], \tag{3.3}
$$

其中 $\boldsymbol{f}_i(t)=\boldsymbol{g}_i(t,\boldsymbol{x}_i(t),\boldsymbol{y}_i(t))-\boldsymbol{f}_i(t,\boldsymbol{x}_i(t))$.

对于变量替换控制, 通过构造合理的 $\boldsymbol{g}_i(t,\boldsymbol{x},\boldsymbol{y})$ 满足下列关系:

$$
\boldsymbol{g}_i(t,\boldsymbol{x},\boldsymbol{y})-\boldsymbol{f}_i(t,\boldsymbol{x})=[\boldsymbol{H}_1+\boldsymbol{H}_2(\boldsymbol{x})](\boldsymbol{y}-\boldsymbol{x}),
$$

其中 $\boldsymbol{H}_1\in\mathbb{R}^{n\times n}$, $\boldsymbol{H}_2(\boldsymbol{x})=-\boldsymbol{H}_2^{\mathrm{T}}(\boldsymbol{x})\in\mathbb{R}^{n\times n}$, 且 $t\geqslant 0$, $\boldsymbol{x},\boldsymbol{y}\in\mathbb{R}^n$, $i=1,2,\cdots,N$.

3.2 理论分析

假设 3.1 假设向量函数族 $\{\Gamma\boldsymbol{x}_{\mathbf{i}}(\mathbf{t})\}_{\mathbf{i=1}}^{\mathbf{N}}$ 在同步流形 $\{\boldsymbol{x}_i(t)=\boldsymbol{y}_i(t)\}_{i=1}^{N}$ 的轨道 $\{\boldsymbol{x}_i(t)\}_{i=1}^{N}$ 上是线性独立的.

定理 3.1 若假设 3.1 成立, 分数阶复杂网络 (3.3) 中的未知拓扑矩阵 $\hat{b}_{ij}$ 通过下面的自更新率识别:

$$
{}_CD_{0,t}^{\alpha}\hat{b}_{ij}=-c\boldsymbol{e}_i^{\mathrm{T}}(t)\Gamma\boldsymbol{y}_{\mathbf{j}}(\mathbf{t}), \tag{3.4}
$$

且满足以下的关系

$$
\lambda_{\max}\left[\boldsymbol{I}\otimes\frac{\boldsymbol{H}_1+\boldsymbol{H}_1{}^{\mathrm{T}}}{2}+c\left(\boldsymbol{B}\otimes\frac{\boldsymbol{A}+\boldsymbol{A}^{\mathrm{T}}}{2}\right)\right]<0, \tag{3.5}
$$

其中 $\boldsymbol{e}_i=\boldsymbol{y}_i(t)-\boldsymbol{x}_i(t)$, 则分数阶复杂网络 (3.1) 和网络 (3.2) 可以实现同步, 并且响应网络 (3.2) 的未知拓扑 $\hat{b}_{ij}$ 将会被成功识别.

证明: 构造以下的 Lyapunov 函数:

$$
V(t)=\frac{1}{2}\sum_{i=1}^{N}\boldsymbol{e}_i^{\mathrm{T}}(t)\boldsymbol{e}_i(t)+\frac{1}{2}\sum_{i=1}^{N}\sum_{j=1}^{N}(\hat{b}_{ij}-b_{ij})^2, \tag{3.6}
$$

根据引理 7.1 中的(i), 再结合误差网络 (3.3) 和控制器 (3.4), 有

$$
\begin{aligned}
{}_CD_{0,t}^{\alpha}V(t) \leqslant & \sum_{i=1}^{N}\boldsymbol{e}_i^{\mathrm{T}}(t)\,{}_CD_{0,t}^{\alpha}\boldsymbol{e}_i(t)+\sum_{i=1}^{N}\sum_{j=1}^{N}(\hat{b}_{ij}-b_{ij})\,{}_CD_{0,t}^{\alpha}\hat{b}_{ij} \\
= & \sum_{i=1}^{N}\boldsymbol{e}_i^{\mathrm{T}}(t)\left\{\boldsymbol{f}_i(t)+c\sum_{j=1}^{N}\left[\hat{b}_{ij}\boldsymbol{A}\boldsymbol{y}_j(t)-b_{ij}\boldsymbol{A}\boldsymbol{x}_j(t)\right]\right\} \\
& +\sum_{i=1}^{N}\sum_{j=1}^{N}(\hat{b}_{ij}-b_{ij})\left[-c\boldsymbol{e}_i^{\mathrm{T}}(t)\boldsymbol{A}\boldsymbol{y}_j(t)\right] \\
= & \sum_{i=1}^{N}\boldsymbol{e}_i^{\mathrm{T}}(t)\left[\boldsymbol{H}_1+\boldsymbol{H}_2(x)\right]\boldsymbol{e}_i(t)+c\sum_{i=1}^{N}\sum_{j=1}^{N}\left[\boldsymbol{e}_i^{\mathrm{T}}(t)\hat{b}_{ij}\boldsymbol{A}\boldsymbol{y}_j(t)-\boldsymbol{e}_i^{\mathrm{T}}(t)b_{ij}\boldsymbol{A}\boldsymbol{x}_j(t)\right] \\
& -c\sum_{i=1}^{N}\sum_{j=1}^{N}\left[\boldsymbol{e}_i^{\mathrm{T}}(t)\hat{b}_{ij}\boldsymbol{A}\boldsymbol{y}_j(t)-\boldsymbol{e}_i^{\mathrm{T}}(t)b_{ij}\boldsymbol{A}\boldsymbol{y}_j(t)\right] \\
= & \sum_{i=1}^{N}\boldsymbol{e}_i^{\mathrm{T}}(t)\boldsymbol{H}_1\boldsymbol{e}_i(t)+\sum_{i=1}^{N}\boldsymbol{e}_i^{\mathrm{T}}(t)\boldsymbol{H}_2(x)\boldsymbol{e}_i(t)+c\sum_{i=1}^{N}\sum_{j=1}^{N}\boldsymbol{e}_i^{\mathrm{T}}(t)b_{ij}\boldsymbol{A}\boldsymbol{e}_j(t) \\
= & \sum_{i=1}^{N}\frac{\boldsymbol{e}_i^{\mathrm{T}}(t)\boldsymbol{H}_2(x)\boldsymbol{e}_i(t)}{2}+\sum_{i=1}^{N}\frac{\boldsymbol{e}_i^{\mathrm{T}}(t)\boldsymbol{H}_2^{\mathrm{T}}(\boldsymbol{x}_i)\boldsymbol{e}_i(t)}{2} \\
& +\sum_{i=1}^{N}\boldsymbol{e}_i^{\mathrm{T}}(t)\boldsymbol{H}_1\boldsymbol{e}_i(t)+c\sum_{i=1}^{N}\sum_{j=1}^{N}\boldsymbol{e}_i^{\mathrm{T}}(t)b_{ij}\boldsymbol{A}\boldsymbol{e}_j(t) \\
= & \boldsymbol{e}^{\mathrm{T}}(t)\boldsymbol{I}\otimes\left(\frac{\boldsymbol{H}_1+\boldsymbol{H}_1^{\mathrm{T}}}{2}\right)\boldsymbol{e}(t)+c\boldsymbol{e}^{\mathrm{T}}(t)(\boldsymbol{B}\otimes\boldsymbol{A})\boldsymbol{e}(t) \\
= & \boldsymbol{e}^{\mathrm{T}}(t)\boldsymbol{I}\otimes\left(\frac{\boldsymbol{H}_1+\boldsymbol{H}_1^{\mathrm{T}}}{2}\right)\boldsymbol{e}(t)+c\boldsymbol{e}^{\mathrm{T}}(t)\left(\boldsymbol{B}\otimes\frac{\boldsymbol{A}+\boldsymbol{A}^{\mathrm{T}}}{2}\right)\boldsymbol{e}(t) \\
\leqslant & \lambda_{\max}\left[\boldsymbol{I}\otimes\left(\frac{\boldsymbol{H}_1+\boldsymbol{H}_1^{\mathrm{T}}}{2}\right)+c\left(\boldsymbol{B}\otimes\frac{\boldsymbol{A}+\boldsymbol{A}^{\mathrm{T}}}{2}\right)\right]\boldsymbol{e}^{\mathrm{T}}(t)\boldsymbol{e}(t),
\end{aligned}
\tag{3.7}
$$

其中 $\boldsymbol{e}(t)=[\boldsymbol{e}_1^{\mathrm{T}}(t),\boldsymbol{e}_2^{\mathrm{T}}(t),\cdots,\boldsymbol{e}_N^{\mathrm{T}}(t)]^{\mathrm{T}}$, $\lambda_{\max}(\boldsymbol{A})$ 表示矩阵 $\boldsymbol{A}$ 的最大特征值, $\otimes$ 指 Kronecker 积.

因此, 当条件 (3.5) 成立时, 再利用引理 2.11, 可得系统 (3.1) 和系统 (3.2) 达到同步. 又因假设 3.1 成立, 则有 $\lim\limits_{t\to\infty}\hat{b}_{ij}=b_{ij}$, 从而系统 (3.2) 中的未知拓扑结构被成功识别.

3.3 数值模拟

在本节中,给出两个数值例子来说明变量替换控制对分数阶复杂网络同步的有效性.

例 3.1 以 Lorenz 系统作为节点动力学,则驱动层的内部动态函数 $\boldsymbol{f}_i(t,\boldsymbol{x}_i(t))$ 为:

$$\boldsymbol{f}_i(t,\boldsymbol{x}_i(t))=\begin{pmatrix} a(x_{i2}-x_{i1}) \\ bx_{i1}-x_{i2}-x_{i1}x_{i3} \\ x_{i1}x_{i2}-cx_{i3} \end{pmatrix}, \tag{3.8}$$

其中 $a=10$, $b=28$, $c=\frac{8}{3}$, 取阶数为 $\alpha=0.995$, 耦合强度为 $c=0.1$. 外部耦合矩阵取为:

$$\boldsymbol{B}=\begin{pmatrix} -3 & 1 & 1 & 1 \\ 1 & -1 & 0 & 0 \\ 1 & 0 & -1 & 0 \\ 1 & 0 & 0 & -1 \end{pmatrix}.$$

驱动层的初值为 0 到 1 之间的随机数.

响应层可表示为:

$$\boldsymbol{g}_i(t,\boldsymbol{x}_i(t),\boldsymbol{y}_i(t))=\begin{pmatrix} a(y_{i2}-y_{i1}) \\ bx_{i1}-y_{i2}-x_{i1}y_{i3} \\ x_{i1}y_{i2}-cy_{i3} \end{pmatrix}, \tag{3.9}$$

响应层的初值亦为 0 到 1 之间的随机数.

图 3.1 展示了未知拓扑结构的识别效果. 由图 3.1 可知, 经过一段时间的振荡后趋于真实值. 图 3.1 中的 (a)、(b)、(c)、(d) 分别描述了拓扑结构 A 中元素 b_{12}, b_{13}, b_{14}, b_{21}, b_{23}, b_{24}, b_{31}, b_{32}, b_{34} 和 b_{41}, b_{42}, b_{43} 的估计值. 通过比较预估值和真实矩阵, 可观察到所有的节点都识别到了准确的实值, 即拓扑识别成功. 此外, 由图 3.2 可以看出, 系统 (3.1) 和系统 (3.2) 还达到同步.

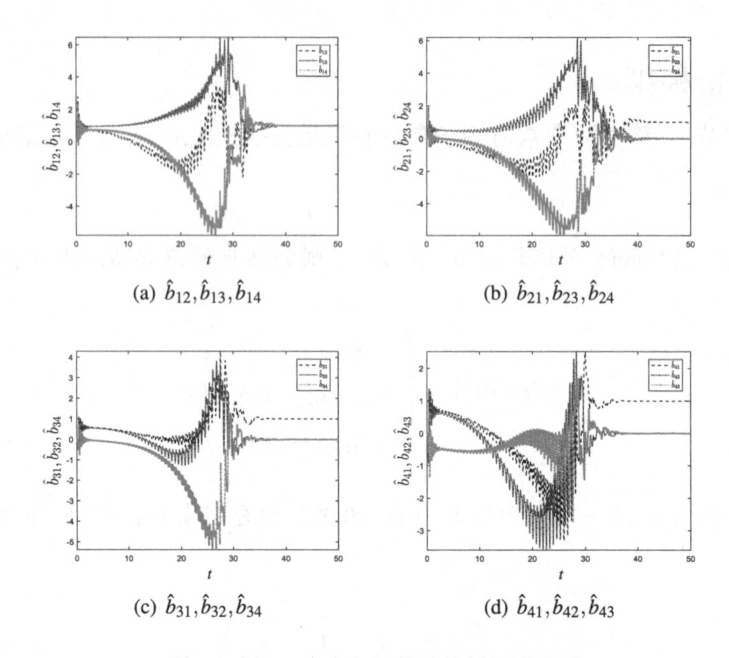

(a) $\hat{b}_{12},\hat{b}_{13},\hat{b}_{14}$ (b) $\hat{b}_{21},\hat{b}_{23},\hat{b}_{24}$

(c) $\hat{b}_{31},\hat{b}_{32},\hat{b}_{34}$ (d) $\hat{b}_{41},\hat{b}_{42},\hat{b}_{43}$

图 3.1 例 3.1 中未知拓扑结构的识别效果

例 3.2 以超混沌 Chen 系统作为节点动力学系统, 则驱动层的动态函数可表示为:

$$\boldsymbol{f}_i(t,\boldsymbol{x}_i(t))=\begin{pmatrix} a(x_{i2}-x_{i1})+x_{i4} \\ (c-a)x_{i1}+cx_{i2}-x_{i1}x_{i3} \\ x_{i1}x_{i2}-bx_{i3} \\ x_{i2}x_{i3}-rx_{i4} \end{pmatrix}, \tag{3.10}$$

其中 $a=35$, $b=23$, $c=28$, $r=-2$, 阶数和耦合强度分别为 $\alpha=0.998$ 和 $c=0.002$. 外部耦合矩阵为:

$$\boldsymbol{B}=\begin{pmatrix} -5 & 2 & 2 & 1 \\ 2 & -4 & 1 & 1 \\ 2 & 1 & -4 & 1 \\ 1 & 1 & 1 & -3 \end{pmatrix}.$$

驱动层的初值为 $\boldsymbol{x}_i(0)=(0.1,1,0.1,1)^{\mathrm{T}}$.

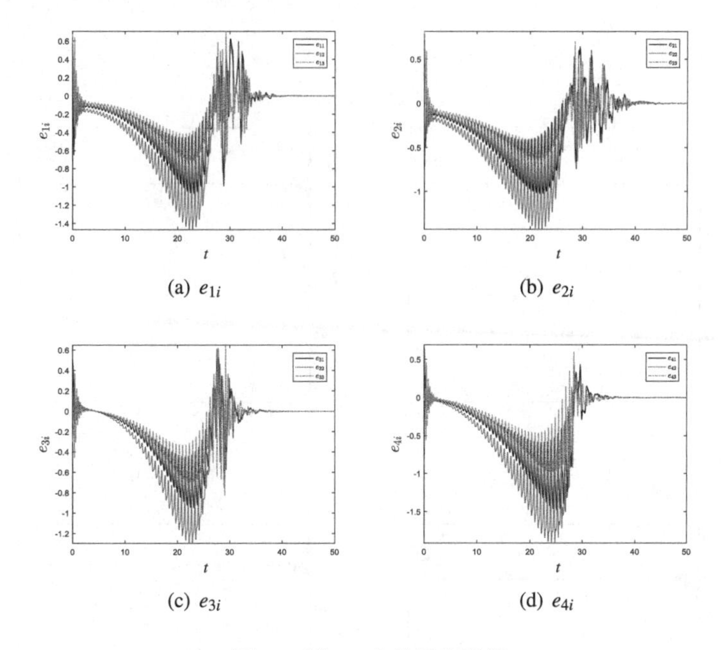

(a) e_{1i} (b) e_{2i}

(c) e_{3i} (d) e_{4i}

图 3.2 例 3.1 中的同步误差

图 3.3 中描述了响应网络中的未知拓扑的识别效果图, 通过观察可知未知的拓扑都能被准确地识别, 进而验证了所提方法的有效性. 图 3.4 给出了分数阶超混沌 Chen 系统驱动 — 响应网络的同步误差图.

3.4 小结

本章针对一般分数阶复杂网络的同步及拓扑结构辨识问题进行了研究. 与常见的同步方法不一样的是, 采用了可变替代控制法来实现两层网络的同步. 首先, 在一般分数阶微积分的基础上构建了一类典型的复杂网络, 通过一般分数阶微积分的理论性质. 通过构建合适的可变替换控制和 Lyapunov 函数, 使得两层网络同步. 然后, 分别以经典的 Lorenz 混沌系统和超混沌 Chen 系统作为复杂网络中节点的动力学对数值模拟进行了模拟和分析, 验证了本章节所得到的理论结果的有效性.

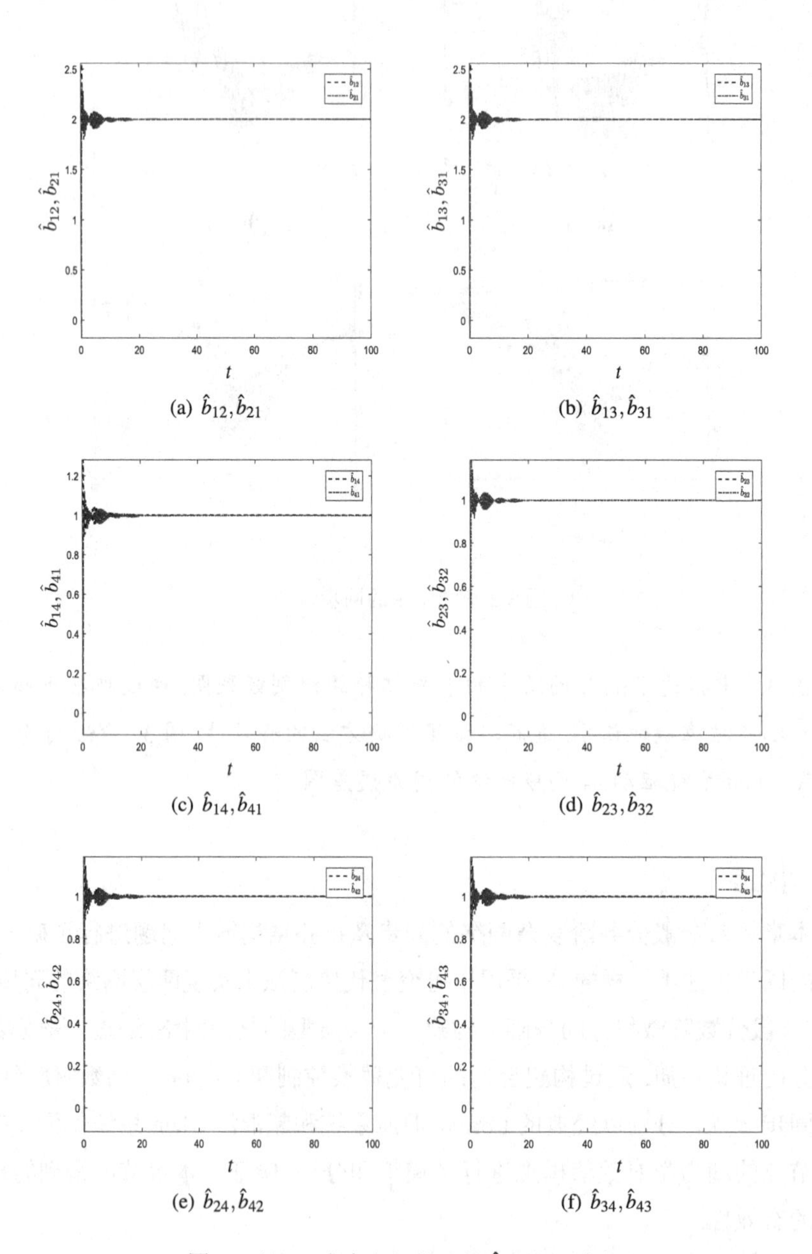

(a) $\hat{b}_{12},\hat{b}_{21}$ (b) $\hat{b}_{13},\hat{b}_{31}$

(c) $\hat{b}_{14},\hat{b}_{41}$ (d) $\hat{b}_{23},\hat{b}_{32}$

(e) $\hat{b}_{24},\hat{b}_{42}$ (f) $\hat{b}_{34},\hat{b}_{43}$

图 3.3 例 3.2 中未知拓扑结构 $\hat{b}_{ij}$ 的识别效果

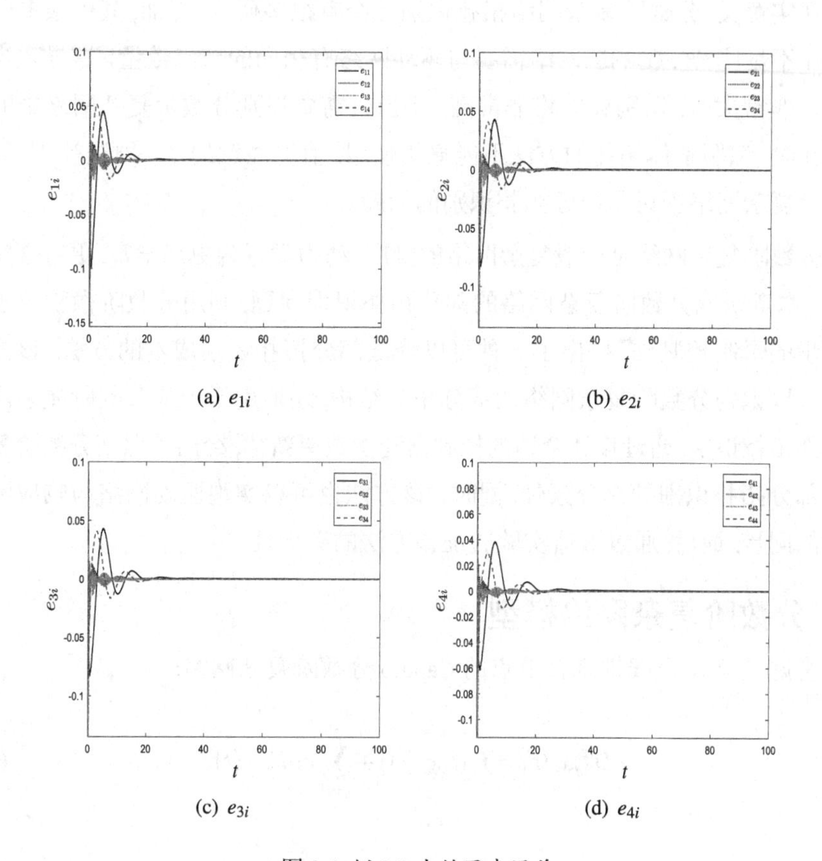

(a) e_{1i} (b) e_{2i}

(c) e_{3i} (d) e_{4i}

图 3.4 例 3.2 中的同步误差

第4章　分数阶复杂网络的拓扑识别

在实际复杂网络中,不确定性是不可避免的,这些不确定性或未知结构会破坏网络的稳定性以及同步.因此,识别分数阶复杂网络包含的不确定部分具有一定的现实意义.分数阶复杂网络拓扑识别已经有很多研究.然而,其中很多研究还存在不足[34–36].①响应网络需要与驱动网络有相同的节点数量，这导致当网络规模非常大时,识别成本将非常高.②当只需要识别分数阶复杂网络中的部分拓扑时,识别整体拓扑的方法不能直接使用.值得注意的是，周进等[37]针对整数阶复杂网络探讨了部分拓扑识别的问题.

分数阶复杂网络是一般复杂网络的推广,动力学行为更加丰富,更符合实际网络.本章研究分数阶复杂网络的部分拓扑识别问题,利用分数阶微积分理论和同步的牵制控制法,提出了一种可以降低部分拓扑识别成本的方法.该方法不仅可以识别分数阶复杂网络的部分拓扑结构,还适用于一般分数阶复杂网络的全部拓扑识别.通过设计合适的控制器和参数更新律,给出了保证分数阶复杂网络部分拓扑识别的充分条件.同时，该方法也可以实现驱动网络与响应网络之间的同步.最后,通过数值实验验证该方法的有效性.

4.1　分数阶复杂网络模型

考虑具有 N 个线性耦合节点的 Caputo 分数阶复杂网络:

$$ {}_{C}D_{0,t}^{\alpha}\boldsymbol{x}_i(t)=\boldsymbol{f}_i(t,\boldsymbol{x}_i(t))+\sum_{j=1}^{N}c_{ij}\Gamma\boldsymbol{x}_j(t), \tag{4.1} $$

其中 $0<\alpha<1$, $\boldsymbol{x}_i(t)=[x_{i1}(t),x_{i2}(t),x_{i3}(t),\cdots,x_{in}(t)]^{\mathrm{T}}\in\mathbb{R}^n$ 表示第 i 个节点的状态向量, Γ 表示内部耦合矩阵, $f:\mathbb{R}^n\to\mathbb{R}^n$ 表示连续可微的函数, $C=(c_{ij})_{n\times n}$ 表示网络的拓扑结构.如果从节点 j 到节点 i 之间存在一个连接关系,则 $c_{ij}>0(i\neq j)$;否则,有 $c_{ij}<0(i\neq j)$;并且对角线的元素有如下定义:

$$ c_{ii}=-\sum_{j=1,j\neq i}^{N}c_{ij},\quad i=1,2,3,\cdots,N. $$

当网络中只有部分拓扑结构未知时. 为了方便起见, 需要识别 $l(1<l<N)$ 个节点和它的邻接节点之间的连接关系. 为了实现网络 (4.1) 的部分拓扑识别, 下面给出具有控制项的响应网络:

$$_C D_{0,t}^{\alpha} \boldsymbol{y}_i(t) = \boldsymbol{f}_i(t, \boldsymbol{y}_i(t)) + \sum_{j=1}^{l} \hat{c}_{ij} \Gamma \boldsymbol{y}_j(t) + \sum_{j=l+1}^{N} \hat{c}_{ij} \Gamma \boldsymbol{x}_j(t) + \boldsymbol{u}_i(t), \tag{4.2}$$

其中 $0<\alpha<1$, $1<i<l$, $\boldsymbol{y}_i(t)=[y_{i1}(t), y_{i2}(t), y_{i3}(t), \cdots, y_{in}(t)]^{\mathrm{T}} \in \mathbb{R}^n$ 表示第 i 个节点的状态向量, $\boldsymbol{u}_i$ 是控制器. 将同步误差定义为 $\boldsymbol{e}_i(t)=\boldsymbol{y}_i(t)-\boldsymbol{x}_i(t)$.

为了获得 Caputo 分数阶复杂网络 (4.1) 的同步准则以及实现未知拓扑的识别, 一些假设也是必不可少的.

假设 4.1 存在一个非负常数 ϕ, 使得函数 $\boldsymbol{f}_i(t,\boldsymbol{x})$ 满足不等式

$$\|\boldsymbol{f}_i(t,\boldsymbol{x})-\boldsymbol{f}_i(t,\boldsymbol{y})\| \leqslant \phi \|\boldsymbol{x}-\boldsymbol{y}\|,$$

其中 $t \geqslant 0, \boldsymbol{x}, \boldsymbol{y} \in \mathbb{R}^n$, $1 \leqslant i \leqslant N$.

假设 4.2 向量函数族 $\{\Gamma \boldsymbol{x}_i(t)\}_{i=1}^N$ 在同步流形 $\{\boldsymbol{x}_i(t)=\boldsymbol{y}_i(t)\}_{i=1}^N$ 的轨道 $\{\boldsymbol{x}_i(t)\}_{i=1}^N$ 上是线性独立的.

4.2 同步和拓扑识别理论分析

令 $\tilde{c}_{ij}=\hat{c}_{ij}-c_{ij}$, 根据网络 (4.1) 和网络 (4.2), 同步误差系统为:

$$_C D_{0,t}^{\alpha} \boldsymbol{e}_i(t) = \boldsymbol{f}_i(t) + \sum_{j=1}^{l} c_{ij} \Gamma \boldsymbol{e}_j(t) + \sum_{j=1}^{l} \tilde{c}_{ij} \Gamma \boldsymbol{y}_j(t) + \sum_{j=l+1}^{N} \tilde{c}_{ij} \Gamma \boldsymbol{x}_j(t) + \boldsymbol{u}_i(t), \tag{4.3}$$

其中 $\boldsymbol{f}_i(t)=\boldsymbol{f}_i(t,\boldsymbol{y}_i(t))-\boldsymbol{f}_i(t,\boldsymbol{x}_i(t))$.

定理 4.1 若假设 4.1 和假设 4.2 成立, 通过下面的控制器和自更新率

$$\begin{cases} \boldsymbol{u}_i = -d_i\boldsymbol{e}_i(t), \\ {}_CD^{\alpha}_{0,t}d_i = k_i\boldsymbol{e}_i^{\mathrm{T}}(t)\boldsymbol{e}_i(t), \\ {}_CD^{\alpha}_{0,t}\hat{c}_{ij} = -\boldsymbol{e}_i^{\mathrm{T}}(t)\Gamma\boldsymbol{y}_j(t), \quad j=1,2,\cdots,l, \\ {}_CD^{\alpha}_{0,t}\hat{c}_{ij} = -\boldsymbol{e}_i^{\mathrm{T}}(t)\Gamma\boldsymbol{x}_j(t), \quad j=l+1,l+2,\cdots,N, \end{cases} \tag{4.4}$$

则驱动网络 (4.1) 和响应网络 (4.2) 可以达到同步, 且响应网络 (4.2) 中的未知拓扑 $\hat{\boldsymbol{C}}_{l\times N}$ 被成功识别, 其中 $1 \leqslant i \leqslant l$, k_i 表示正常数.

证明: 构造 Lyapunov 函数:

$$V(t) = \frac{1}{2}\sum_{i=1}^{N}\boldsymbol{e}_i{}^{\mathrm{T}}(t)\boldsymbol{e}_i(t) + \frac{1}{2}\sum_{i=1}^{l}\sum_{j=1}^{N}(\hat{c}_{ij}-c_{ij})^2 + \frac{1}{2}\sum_{i=1}^{l}\frac{1}{k_i}(d_i-\rho^*)^2, \tag{4.5}$$

其中 ρ^* 是正常数. 根据式 (4.4) 和式 (4.5), 以及引理 6.2 可得

$$\begin{aligned} {}_CD^{\alpha}_{0,t}V(t) \leqslant &\sum_{i=1}^{N}\boldsymbol{e}_i^{\mathrm{T}}(t)\,{}_CD^{\alpha}_{0,t}\boldsymbol{e}_i(t) + \sum_{i=1}^{N}\sum_{j=1}^{N}(\hat{c}_{ij}-c_{ij})\,{}_CD^{\alpha}_{0,t}\hat{c}_{ij} \\ &+ \frac{1}{k_i}\sum_{i=1}^{N}(d_i-\rho^*)\,{}_CD^{\alpha}_{0,t}d_i(t) \\ = &\sum_{i=1}^{N}\boldsymbol{e}_i{}^{\mathrm{T}}(t)\left[\boldsymbol{f}_i(t,\boldsymbol{y}_i(t)) - \boldsymbol{f}_i(t,\boldsymbol{x}_i(t)) + \sum_{j=1}^{l}c_{ij}\Gamma\boldsymbol{e}_j(t)\right. \\ &\left. + \sum_{j=l+1}^{N}\tilde{c}_{ij}\Gamma\boldsymbol{y}_j(t) + \sum_{j=l+1}^{N}\tilde{c}_{ij}\Gamma\boldsymbol{x}_j(t) - d_i\boldsymbol{e}_i(t)\right] \\ &+ \sum_{i=1}^{l}\sum_{j=1}^{N}\tilde{c}_{ij}(-\boldsymbol{e}_i{}^{\mathrm{T}}(t)\Gamma\boldsymbol{y}_j(t)) + \sum_{i=1}^{l}\frac{1}{k_i}(d_i-\rho^*)k_i\boldsymbol{e}_i{}^{\mathrm{T}}(t)\boldsymbol{e}_i(t). \end{aligned}$$

由假设 4.1 可将上式改写为

$$\begin{aligned} {}_CD^{\alpha}_{0,t}V(t) \leqslant &\phi\sum_{i=1}^{N}\boldsymbol{e}_i^{\mathrm{T}}(t)\boldsymbol{e}_i(t) + \sum_{i=1}^{l}\sum_{j=1}^{l}\tilde{c}_{ij}\boldsymbol{e}_i^{\mathrm{T}}(t)\Gamma\boldsymbol{x}_j(t) \\ &+ \sum_{i=1}^{l}\sum_{j=1}^{l}c_{ij}\boldsymbol{e}_i^{\mathrm{T}}(t)\Gamma\boldsymbol{e}_j(t) + \sum_{i=1}^{l}\sum_{j=l+1}^{N}\tilde{c}_{ij}\boldsymbol{e}_i^{\mathrm{T}}(t)\Gamma\boldsymbol{x}_j(t) \end{aligned}$$

$$
\begin{aligned}
&-\sum_{i=1}^{l} d_i \boldsymbol{e}_i^{\mathrm{T}}(t)\boldsymbol{e}_i(t)+\sum_{i=1}^{l}\sum_{j=1}^{l}\tilde{c}_{ij}[-\boldsymbol{e}_i^{\mathrm{T}}(t)\Gamma\boldsymbol{y}_j(t)]\\
&+\sum_{i=1}^{l}\sum_{j=l+1}^{N}\tilde{c}_{ij}[-\boldsymbol{e}_i^{\mathrm{T}}(t)\Gamma\boldsymbol{x}_j(t)]+\sum_{i=1}^{l}(d_i-\rho^*)\boldsymbol{e}_i{}^{\mathrm{T}}(t)\boldsymbol{e}_i(t)\\
=&(\phi-\rho^*)\sum_{i=1}^{N}\boldsymbol{e}_i^{\mathrm{T}}(t)\boldsymbol{e}_i(t)+\sum_{i=1}^{l}\sum_{j=1}^{l}c_{ij}\boldsymbol{e}_i^{\mathrm{T}}(t)\Gamma\boldsymbol{e}_j(t).
\end{aligned}
$$

令 $\boldsymbol{e}(t)=[\boldsymbol{e}_1^{\mathrm{T}},\boldsymbol{e}_2^{\mathrm{T}},\cdots,\boldsymbol{e}_l^{\mathrm{T}}]^{\mathrm{T}}\in\mathbb{R}^{nl}$, $\boldsymbol{Q}=\boldsymbol{C}_{l\times l}\otimes\Gamma$, $\otimes$ 是 Kronecker 积, 则上述不等式改写为

$$
\begin{aligned}
{}_{C}D_{0,t}^{\alpha}V(t)\leqslant&(\phi-\rho^*)\boldsymbol{e}^{\mathrm{T}}(t)\boldsymbol{e}(t)+\boldsymbol{e}^{\mathrm{T}}(t)\boldsymbol{Q}\boldsymbol{e}(t)\\
=&(\phi-\rho^*)\boldsymbol{e}^{\mathrm{T}}(t)\boldsymbol{e}(t)+\boldsymbol{e}^{\mathrm{T}}(t)\left(\frac{\boldsymbol{Q}+\boldsymbol{Q}^{\mathrm{T}}}{2}\right)\boldsymbol{e}(t)\\
\leqslant&\left[\phi-\rho^*+\frac{1}{2}\lambda_{\max}(\boldsymbol{Q}+\boldsymbol{Q}^{\mathrm{T}})\right]\boldsymbol{e}^{\mathrm{T}}(t)\boldsymbol{e}(t).
\end{aligned}
$$

令 $\rho^*=\phi+\frac{1}{2}\lambda_{\max}(\boldsymbol{Q}+\boldsymbol{Q}^{\mathrm{T}})+1$, 其中 $\lambda_{\max}(\boldsymbol{Q}+\boldsymbol{Q}^{\mathrm{T}})$ 表示矩阵 $\boldsymbol{Q}+\boldsymbol{Q}^{\mathrm{T}}$ 的最大特征值, 可得

$$
{}_{C}D_{0,t}^{\alpha}V(t)\leqslant-\boldsymbol{e}^{\mathrm{T}}(t)\boldsymbol{e}(t).
$$

根据定理 6.5, 误差系统 (4.3) 达到了渐近稳定, 从而驱动网络 (4.1) 和响应网络 (4.2) 实现了同步, 即 $\boldsymbol{e}_i(t)=\boldsymbol{0}$ 和 $\boldsymbol{y}_i=\boldsymbol{x}_i$. 此外，稳定同步流形上的误差系统 (4.3) 可以重写为

$$
\sum_{j=1}^{N}\tilde{c}_{ij}\Gamma\boldsymbol{x}_j(t)=\boldsymbol{0}.
$$

利用假设 4.2, 同步轨道 $\{\boldsymbol{x}_i(t)=\boldsymbol{y}_i(t)\}_{i=1}^{N}$ 上的向量函数族 $\{\Gamma\boldsymbol{x}_i(t)\}_{i=1}^{N}$ 是线性独立的, 这意味着 $\lim\limits_{t\to+\infty}(\hat{c}_{ij}-c_{ij})=0$. 因此, 估计矩阵 $\hat{\boldsymbol{C}}_{l\times N}$ 中的未知参数成功被识别.

注 4.1 当 $l=N$ 时, 定理 4.1 也成立. 这意味着该方法也可以用来识别 Caputo 分数阶复杂网络的全部拓扑.

注 4.2 与已经提出的方法[34,38,39]相比, 该方法可以大大降低部分拓扑识别的成本. 用这种方法, 我们只需要 lN 个观察器估计未知拓扑结构. 若采用一般的方法, 需要由 N 个节点和 N^2 个观察器组成的响应网络来实现.

4.3 数值实验

在本节中, 我们通过两个数值算例来验证所提方法的有效性，主要运用了 Adams-Bashforth-Moulton 方法对 Caputo 分数阶复杂网络进行求解.

例 4.1 考虑带有 3 个相同节点动力学系统的 Caputo 分数阶复杂网络, 将 Lorenz 系统作为网络的节点动力学系统:

$$\begin{pmatrix} {}_C D_{0,t}^{\alpha} x_{i1}(t) \\ {}_C D_{0,t}^{\alpha} x_{i2}(t) \\ {}_C D_{0,t}^{\alpha} x_{i3}(t) \end{pmatrix} = \boldsymbol{f}_i(t, \boldsymbol{x}_i(t)) = \begin{pmatrix} a(x_{i2} - x_{i1}) \\ bx_{i1} - x_{i1}x_{i3} - x_{i2} \\ x_{i1}x_{i2} - cx_{i3} \end{pmatrix}, \tag{4.6}$$

其中 $a = 10$, $b = 28$, $c = \dfrac{8}{3}$, 分数阶阶数为 $\alpha = 0.995$. 其余参数取为 $k_i = 1$, 内部耦合矩阵 $\Gamma = 0.2$, $i = 1,2,3,4$, 以及外部耦合矩阵为

$$\boldsymbol{C} = \begin{pmatrix} -6 & 4 & 2 & 0 \\ 4 & -6 & 1 & 1 \\ 2 & 3 & -5 & 0 \\ 0 & 1 & 0 & -1 \end{pmatrix}.$$

驱动网络和响应网络的初始值分别取为:

$$\boldsymbol{x}_i(0) = (4.5 + 0.5i, 5.5 + 0.5i, 9.5 + 0.5i)^{\mathrm{T}}$$

和

$$\boldsymbol{y}_i(0) = (5.5 + 0.5i, 6 + 0.5i, 7 + 0.5i)^{\mathrm{T}}.$$

图 4.1 给出了在控制器作用下的误差变量轨迹，可以看出驱动网络和响应网络实现了同步. 在图 4.2 中, 分数阶阶数为 $\alpha = 0.998$ 时, 可以成功识别出分数

阶网络 (4.1) 的部分未知拓扑结构. 根据 c_{12}, c_{13}, c_{21}, c_{23}, c_{31}, c_{32} 的值, 元素 $\hat{c}_{12}$, $\hat{c}_{13}$, $\hat{c}_{21}$, $\hat{c}_{23}$, $\hat{c}_{31}$, $\hat{c}_{32}$ 分别收敛到 4, 2, 4, 1, 2 和 3.

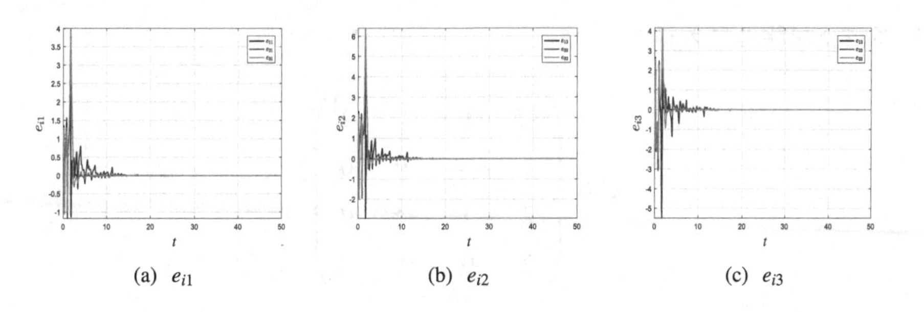

(a) e_{i1} (b) e_{i2} (c) e_{i3}

图 4.1 当 $\alpha = 0.998$ 时, 网络 (4.6) 的同步误差

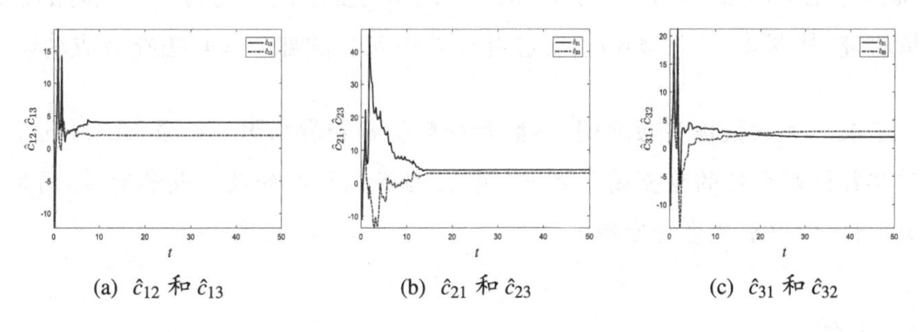

(a) $\hat{c}_{12}$ 和 $\hat{c}_{13}$ (b) $\hat{c}_{21}$ 和 $\hat{c}_{23}$ (c) $\hat{c}_{31}$ 和 $\hat{c}_{32}$

图 4.2 当 $\alpha = 0.998$ 时, 网络 (4.6) 中的部分拓扑识别

例 4.2 基于整数阶的 Matouk 系统[40], 推广得到一个新的分数阶 Matouk 系统, 如下所示:

$$\begin{pmatrix} {}_C D_{0,t}^{\alpha} x_{i1}(t) \\ {}_C D_{0,t}^{\alpha} x_{i2}(t) \\ {}_C D_{0,t}^{\alpha} x_{i3}(t) \\ {}_C D_{0,t}^{\alpha} x_{i4}(t) \end{pmatrix} = \boldsymbol{f}_i(t, \boldsymbol{x}_i(t)) = \begin{pmatrix} a(x_{i4} - x_{i2}) + h x_{i1} - x_{i1} x_{i4} \\ b x_{i1} + x_{i4} - x_{i1} x_{i3} \\ x_{i1}^2 - c x_{i3} \\ d x_{i4} \end{pmatrix}, \tag{4.7}$$

其中 $a = -3$, $b = 15$, $c = 0.6$, $d = -0.0001$, $h = -1$, $N = 4$, $\Gamma = 0.02$, $k_i = 1$, 其中 $i = 1,2,3,4$. 驱动网络和响应网络的初值取为:

$$\boldsymbol{x}_i(0) = (4.5 + 0.5i, 5.5 + 0.5i, 9.5 + 0.5i, 0)^{\mathrm{T}}$$

和

$$\boldsymbol{y}_i(0) = (5.5+0.5i, 6+0.5i, 7+0.5i, 0.1i)^{\mathrm{T}}.$$

外部耦合矩阵选取为:

$$\boldsymbol{C} = \begin{pmatrix} -5 & 1 & 2 & 2 \\ 1 & -4 & 3 & 0 \\ 2 & 3 & -5 & 0 \\ 2 & 0 & 0 & -2 \end{pmatrix}.$$

图 4.3 给出了当参数为 $\alpha = 0.95$ 时分数 Matouk 系统 (4.7) 的超混沌图. 图 4.4 展示了在控制器作用下, 当 Matouk 系统作为复杂网络动力学节点时的误差变量轨迹. 从图 4.5 和图 4.6 可知, 拓扑结构中包含的部分未知拓扑被成功识别.

注 4.3 大量数值实验表明, 参数和分数阶都会影响识别效果. 此外, 同步是阻碍拓扑识别成功的重要因素之一. 因此, 当我们增加分数阶或参数时, 同步速度会加快, 但识别速度会变慢.

4.4 小结

本章提出了一种新的、经济有效的分数阶复杂网络的部分拓扑识别方法. 该方法具有一定的通用性, 可用于识别带有分数阶导数复杂网络的部分和全部未知拓扑, 讨论了分数阶系统的一些性质. 基于新的控制方法, 给出了分数阶复杂网络部分拓扑识别的充分条件. 最后, 为了说明这种方法的有效性, 通过分数 Lorenz 和 Matouk 系统, 成功地识别了网络的局部拓扑结构. 仿真结果表明, 内耦合强度、参数、分数阶数对识别效果有一定的影响.

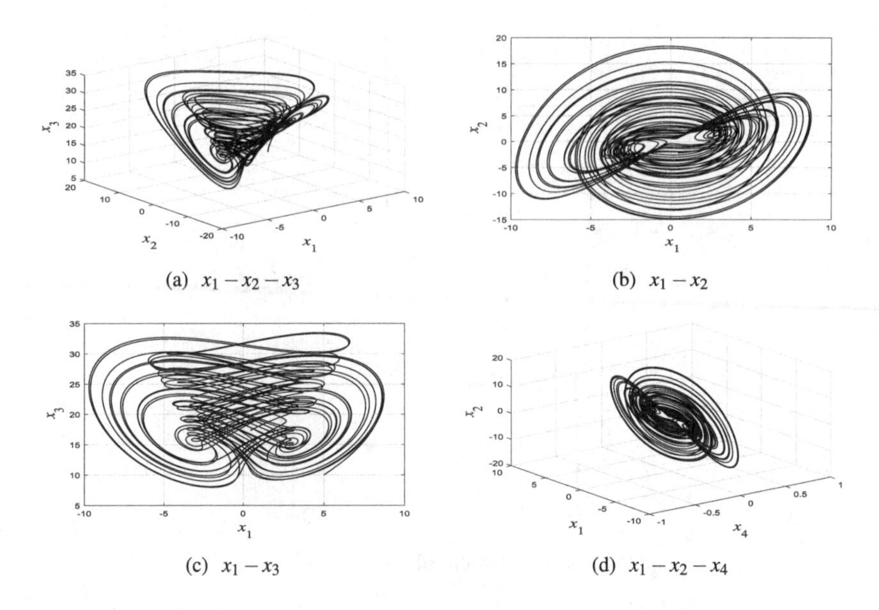

(a) $x_1-x_2-x_3$ (b) x_1-x_2

(c) x_1-x_3 (d) $x_1-x_2-x_4$

图 4.3 阶数为 $\alpha=0.995$ 时, 分数阶 Matouk 系统混沌吸引子

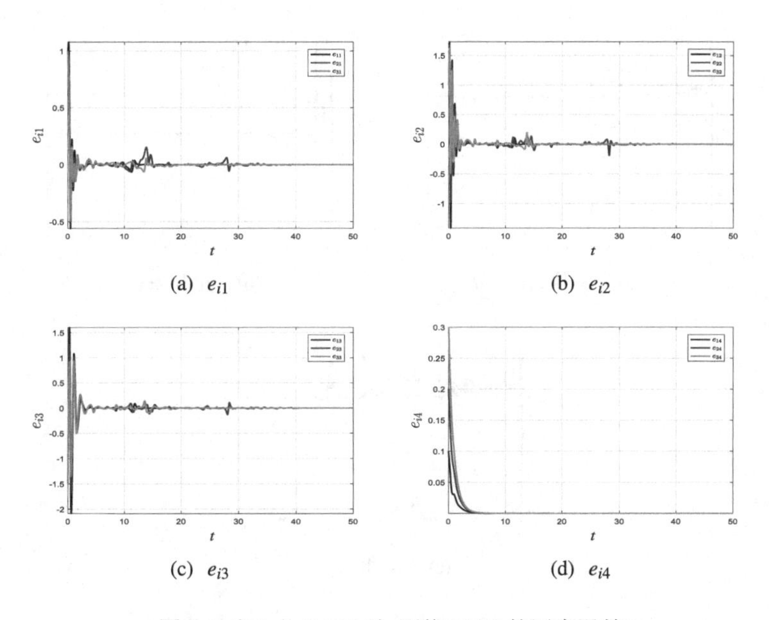

(a) e_{i1} (b) e_{i2}

(c) e_{i3} (d) e_{i4}

图 4.4 当 $\alpha=0.995$ 时, 网络 (4.7) 的同步误差

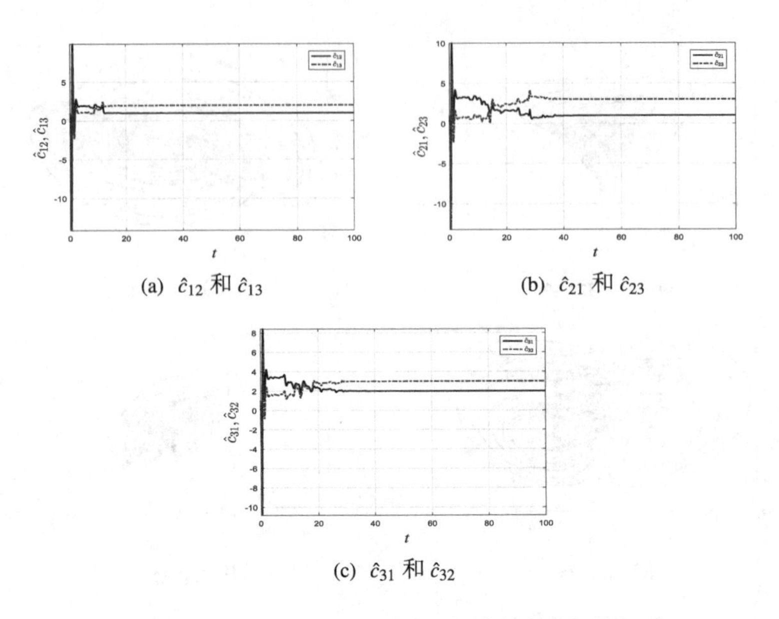

(a) $\hat{c}_{12}$ 和 $\hat{c}_{13}$　(b) $\hat{c}_{21}$ 和 $\hat{c}_{23}$　(c) $\hat{c}_{31}$ 和 $\hat{c}_{32}$

图 4.5 当 $\alpha = 0.995$ 时, 网络 (4.7) 中的部分拓扑识别

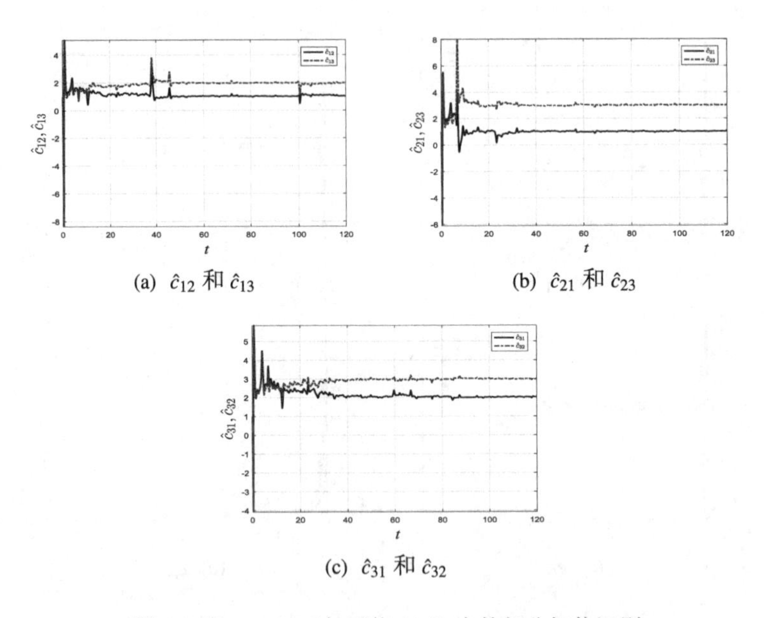

(a) $\hat{c}_{12}$ 和 $\hat{c}_{13}$　(b) $\hat{c}_{21}$ 和 $\hat{c}_{23}$　(c) $\hat{c}_{31}$ 和 $\hat{c}_{32}$

图 4.6 当 $\alpha = 0.9$ 时, 网络 (4.7) 中的部分拓扑识别

第5章　分数阶复杂网络的有限时间同步

分数阶微积分是数学的一个分支，研究以实数阶或复数阶为特征的微分和积分算子的性质. 分数阶微积分是描述具有记忆性和非局域性的过程和系统的有力工具. 分数阶微积分在反常扩散、黏弹性力学、反常对流、流变学、非牛顿流体力学、量子力学、控制论、混沌、布朗运动、Lévy 飞行、机器人、信号处理等应用领域有着重要的应用[41,42]. 如今，分数阶微积分得到了越来越多科学和技术应用的支撑，它正处在快速发展期.

随着信息技术的迅速发展，人类社会迈入了复杂网络时代. 人类的生产和生活都依赖于大量的复杂网络，如电力网络、生物网络、交通网络、无线传感器网络以及社交网络等. 直到现在，基于预设的网络参数信息，复杂网络的动力学、控制、同步等被大量研究. 在各种动力学中，复杂网络的同步本质上是一种典型的集体行为. 大量事实表明，复杂网络的同步具有非常广阔的应用前景，包括核磁共振、无线传感器网络、多机器人协调等[43–45]. 到目前为止，在复杂网络中已经考虑了各种同步问题，如完全同步[46]、反同步[47]、外同步[48]、滞后同步[49] 等. 如果以网络达到同步的时间作为分类标准，则同步问题可分为渐近时间同步和有限时间同步. 在很多实际应用场景中，人们都希望网络能够尽快达到同步. 例如，在安全信息通信[50] 中，同步时间越短，信息被盗的风险就越小. 此外，在经济管理问题上，如果能在有限的时间内实现同步目标，将大大提高经济效益.

复杂网络的有限时间同步是一个有趣且具有挑战性的课题，近年来获得了大量的研究[51–55]. 考虑到实际网络中可能存在各种物理约束和不规则的环境变化，在有限时间同步的研究中考虑了许多通信约束. 例如，文献 [56,57] 研究了随机扰动的约束; 文献 [58–60] 考虑了具有时滞的信息传输; 文献 [61,62] 研究了交换通信拓扑下的有限时间同步问题. 此外，还考虑了不连续子系统、不同扰动、脉冲扰动等因素[63,64].

然而，据我们所知，部分通信信道失效的通信约束还没有得到充分的研究. 实际上，在复杂网络中，每个节点所拥有的信息可能包含多个子信息. 因此，需要多个通信通道来传输这些相应的子信息. 但现有的复杂网络同步的结果大多假设所有通信通道都正常运行[51-60]，即节点的状态信息可以不丢失地成功传输. 需要注意的是，这种情况在现实世界中是不现实的，很难发生的，在很多实际的网络中，部分信息的传递是普遍存在的. 例如，在大脑网络的两个相连的皮质区域中，只有 5% 的兴奋性突触可以成功传递[65]；在无线传感器网络中，发射器并不能完全了解用户的所有信道信息[66]；此外，对于目标跟踪问题，每个传感器接收到的位置信息和速度信息会部分丢失[67]. 因此，对部分通信信道故障的研究具有重要的现实意义. 文献 [67–69] 讨论了基于部分信息传输的同步和一致行为，但这些行为只会在时间趋于无穷时发生，即渐近时间稳定时.

基于以上分析，本文考虑一个实际的复杂网络模型，对分数阶复杂网络有限时间同步问题进行讨论. 本文的主要贡献在于：基于确定时间稳定性理论和状态分层法，得到两种在新的通信约束下分数阶复杂网络有限时间同步理论.

5.1 预备知识

为了得到本文主要结论，需要以下引理和图论知识.

引理 5.1 [70] 假设 $\beta\in(0,1),\gamma\in\mathbb{R}$, 那么以下不等式成立

$$
{}_CD^{\beta}_{t_0,t}x^{\gamma}(t)=\frac{\Gamma(1+\mu)}{\Gamma(1+\gamma-\beta)}x^{\gamma-\beta}(t){}_CD^{\beta}_{t_0,t}x(t).
$$

一个无向图表示为 $G=(V,E,\boldsymbol{A})$，其中 $V=\{1,2,\cdots,N\}$ 表示该图节点集合，$E\subset V\times V=\{(i,j)\mid i,j\in V\}$ 表示该图边集合. 边 $e=(i,j)\in E$ 表示节点 i 和 j 彼此之间可以交换信息. 矩阵 $\boldsymbol{A}=[a_{ij}]\in\mathbb{R}^{N\times N}$ 称为 G 的加权邻接矩阵，其中元素 a_{ij} 取决于节点之间的连接，即: $a_{ij}>0\Leftrightarrow(j,i)\in E$. 假设不存在自循环 $(a_{ii}=0,i\in V)$. Laplace 矩阵 $\boldsymbol{L}=[l_{ij}]\in\mathbb{R}^{N\times N}$ 被定义为

$$
l_{ij}=\begin{cases}\sum\limits_{k=1}^{N}a_{ik}, & j=i,\\ -a_{ij}, & j\neq i.\end{cases}
$$

从节点 m 到节点 n 的路径意味着有 k 个不同的节点 $i_1,i_2,\cdots,i_k\in V$, 满足 $i_1=m,(i_s,i_{s+1})\in E,s\in\{1,2,\cdots,k-1\},i_k=n$. 当任意两个节点 m 和 n 有从 m 到 n 和

n 到 m 的路径时, G 是连通的.

5.2 主要结果

本文主要考虑了由 N 个耦合节点构成的具有部分通信通道的复杂网络模型，并给出无向图 $G=(V,E,\boldsymbol{A})$ 来描述它们之间的互动关系. 一方面，我们假设这些节点的状态信息可以完美地传输，即所有信息都可以成功地传输到相邻节点. 另一方面，这里使用符号函数来实现有限时间同步. 下面基于两种具有非线性耦合的整数阶复杂网络模型[71,72] 给出了两种分数阶复杂网络模型:

$$
{}_{C}D^{\beta}_{t_0,t}\boldsymbol{x}_i(t) = \boldsymbol{f}(\boldsymbol{x}_i(t)) + c\,\mathrm{sig}^p\left(\sum_{j=1}^{N} a_{ij}\boldsymbol{P}_{ij}\boldsymbol{B}(\boldsymbol{x}_j(t)-\boldsymbol{x}_i(t))\right), \tag{5.1}
$$

$$
{}_{C}D^{\beta}_{t_0,t}\boldsymbol{x}_i(t) = \boldsymbol{f}(\boldsymbol{x}_i(t)) + c\sum_{j=1}^{N} a_{ij}\boldsymbol{P}_{ij}\mathrm{sig}^p(\boldsymbol{B}(\boldsymbol{x}_j(t)-\boldsymbol{x}_i(t))), \tag{5.2}
$$

其中 $i \in V, \boldsymbol{x}_i(t) = (x_{i1}(t), x_{i2}(t), \cdots, x_{in}(t))^{\mathrm{T}} \in \mathbb{R}^n$ 表示节点 i 在 t 时刻的状态信息, $x_{il}(t)$ 表示状态 $\boldsymbol{x}_i(t)$ 在第 l $(l=1,2,\cdots,n)$ 层的节点 i 在 t 时刻的状态信息. $\boldsymbol{f}(\boldsymbol{x}_i(t)) = (f_1(x_{i1}(t)), f_2(x_{i2}(t)), \cdots, f_n(x_{in}(t)))^{\mathrm{T}} \in \mathbb{R}^n$ 表示非线性函数. c 表示耦合强度. $\mathrm{sig}^p(y_i) = |y_i|^p\,\mathrm{sign}(y_i), 0<p<1$. 对于 $\boldsymbol{y} = (y_1, y_2, \cdots, y_n)^{\mathrm{T}}$，有函数 $\mathrm{sig}^p(\boldsymbol{y}) = (\mathrm{sig}^p(y_1), \mathrm{sig}^p(y_2), \cdots, \mathrm{sig}^p(y_n))^{\mathrm{T}}$. $\boldsymbol{P}_{ij} = \mathrm{diag}\left\{p^1_{ij}, p^2_{ij}, \cdots, p^n_{ij}\right\}$ 为通道矩阵，它是具有对角元素为 $p^l_{ij}=0$ 或 1 $(l=1,2,\cdots,n)$ 的对角矩阵. $\boldsymbol{B} = \mathrm{diag}\{b_1, b_2, \cdots, b_n\}$ 表示内部耦合矩阵并且 $b_i>0, i=1,2,\cdots,n$.

定义 5.1 [51] 如果对于任意初始状态 $\boldsymbol{x}(t_0) = \left(\boldsymbol{x}^{\mathrm{T}}_1(t_0), \boldsymbol{x}^{\mathrm{T}}_2(t_0), \cdots, \boldsymbol{x}^{\mathrm{T}}_N(t_0)\right)^{\mathrm{T}} \in \mathbb{R}^N$，存在有限时间 t_1，使得 $\forall i,j \in V$,

$$
\lim_{t\to t_1}\left\|\boldsymbol{x}_i(t)-\boldsymbol{x}_j(t)\right\| = 0,
$$

并且 $\boldsymbol{x}_i(t)=\boldsymbol{x}_j(t), t \geqslant t_1$，则复杂网络可以在有限时间内实现同步，一般将 t_1 称为复杂网络的停滞时间.

根据定义 5.1 不难发现，如果节点的状态可以实现同步，则每个子状态也同步. 然而，由于考虑通信限制，很难从信道矩阵中区分出各个子状态.

下面提出了状态分层法来克服这个困难.

令 $\boldsymbol{H}_{ij}=a_{ij}\boldsymbol{P}_{ij}, i\neq j, (i,j\in V)$. 当然 $\boldsymbol{H}_{ij}$ 也是一个对角矩阵，并且可以表示为 $\boldsymbol{H}_{ij}=\operatorname{diag}\left\{a_{ij}p_{ij}^{1}, a_{ij}p_{ij}^{2}, \cdots, a_{ij}p_{ij}^{n}\right\}=\operatorname{diag}\left\{H_{ij}^{1}, H_{ij}^{2}, \cdots, H_{ij}^{n}\right\}$. 则可以构造如下形式的状态分层矩阵：

$$\boldsymbol{H}_l=\begin{pmatrix} H_{11}^{l} & -H_{12}^{l} & \cdots & -H_{1N}^{l} \\ -H_{21}^{l} & H_{22}^{l} & \cdots & -H_{2N}^{l} \\ \vdots & \vdots & \vdots & \vdots \\ -H_{N1}^{l} & -H_{N2}^{l} & \cdots & H_{NN}^{l} \end{pmatrix},$$

其中 $H_{ii}^{l}=\sum\limits_{j=1,j\neq i}^{N}H_{ij}^{l}, l=1,2,\cdots,n$ 表示第 l 层.

通过单独提取每个信道进行讨论，状态分层法可以更好地反映所提出的通信限制. 因此，节点状态的同步问题自然转化为 n 子状态的同步问题. 将模型 (5.1) 和模型 (5.2) 的动态转换为每个节点 i $(i\in V)$ 的第 l 层的子信息：

$$ {}_{C}D_{t_0,t}^{\beta}x_{il}(t)=f_l\left(x_{il}(t)\right)+c\operatorname{sig}^{p}\left(\sum_{j=1}^{N}H_{ij}^{l}b_l\left(x_{jl}-x_{il}\right)\right), \tag{5.3}$$

$$ {}_{C}D_{t_0,t}^{\beta}x_{il}(t)=f_l\left(x_{il}(t)\right)+c\sum_{j=1}^{N}H_{ij}^{l}\operatorname{sig}^{p}\left[b_l\left(x_{jl}-x_{il}\right)\right]. \tag{5.4}$$

进而，复杂网络有限时间同步的定义可以被重新定义.

定义 5.2 如果对于任意初始状态 $\boldsymbol{x}_l(t_0)=[x_{1l}(t_0), x_{2l}(t_0), \cdots, x_{Nl}(t_0)]^{\mathrm{T}}\in\mathbb{R}^N, l\in\{1,2,\cdots,n\}$，存在一个有限时间 t_1，使得

$$\lim_{t\to t_1}\left|x_{il}(t)-x_{jl}(t)\right|=0,$$

且 $x_{il}(t)=x_{jl}(t)(i,j\in V)$, 复杂网络可以在有限时间内实现同步，$t\geqslant t_1, t_1$ 为第 l 层子状态的停滞时间.

首先，我们给出如下假设，为后面主要结果的证明做准备.

假设 5.1 对于任意 $x,y\in\mathbb{R}$, 存在一个正数 $\mu_l, l\in\{1,2,\cdots,n\}$ 使得 $|f_l(x)-f_l(y)|\leqslant\mu_l|x-y|$.

定理 5.1 在假设 5.1 下，考虑网络 (5.3) 中描述的复杂网络，然后给定

$$D_r^l=\left\{x_{il}(t):\frac{2\mu_l M^{\frac{1-p}{2}}}{\left(2b_{\min}\lambda_2^l\right)^{\frac{1+p}{2}}}\leqslant r_l,i\in V\right\},$$

其中常数 $M\geqslant V_l(x)=\sum_{1\leqslant i<j\leqslant N}H_{ij}^l\left[x_{il}(t)-x_{jl}(t)\right]^{\mathrm{T}}b_l\left[x_{il}(t)-x_{jl}(t)\right],b_{\min}$ 为 $\boldsymbol{B}$ 中的最小对角元素，λ_2^l 为 $\boldsymbol{H}_l$ 的最小非零特征值，$0<p<2\beta-1$. 对于任意 $l\in\{1,2,\cdots,n\}$，当耦合强度 $c\geqslant r_l$ 时，如果矩阵 $\boldsymbol{H}_l$ 对应的无向图连通，则复杂网络可以在区域 $\bigcap_{l=1}^{n}D_r^l$ 内实现有限时间的同步.

证明: 对于任意 $l=1,2,\cdots,n$，考虑 Lyapunov 函数

$$V_l(t)=\frac{1}{2}b_l\boldsymbol{x}_l^{\mathrm{T}}(t)\boldsymbol{H}_l\boldsymbol{x}_l(t),$$

其中 $\boldsymbol{x}_l(t)=[x_{1l}(t),x_{2l}(t),\cdots,x_{Nl}(t)]^{\mathrm{T}}$.

让 $\boldsymbol{F}_l\left(\boldsymbol{x}_l(t)\right)=[f_l(x_{1l}(t)),f_l(x_{2l}(t)),\cdots,f_l(x_{Nl}(t))]^{\mathrm{T}}$，然后通过计算 $V_l(t)$ 沿着 (5.3) 轨迹的分数阶导数，有

$$\begin{aligned}
&{}_CD_{t_0,t}^{\beta}V_l(t)\leqslant b_l\boldsymbol{x}_l^{\mathrm{T}}(t)\boldsymbol{H}_l{}_CD_{t_0,t}^{\beta}\boldsymbol{x}_l(t)\\
=&b_l\boldsymbol{x}_l^{\mathrm{T}}(t)\boldsymbol{H}_l\left[\boldsymbol{F}_l\left(\boldsymbol{x}_l(t)\right)-c\,\mathrm{sig}^p\left(b_l\boldsymbol{H}_l\boldsymbol{x}_l(t)\right)\right]\\
=&b_l\boldsymbol{x}_l^{\mathrm{T}}\boldsymbol{H}_l\boldsymbol{F}_l\left(\boldsymbol{x}_l\right)-cb_l\left(\boldsymbol{H}_l\boldsymbol{x}_l\right)^{\mathrm{T}}\mathrm{sig}^p\left(b_l\boldsymbol{H}_l\boldsymbol{x}_l\right)\\
\leqslant&b_l\boldsymbol{x}_l^{\mathrm{T}}\boldsymbol{H}_l\boldsymbol{F}_l\left(\boldsymbol{x}_l\right)-c\left(\|b_l\boldsymbol{H}_l\boldsymbol{x}_l\|^2\right)^{\frac{p+1}{2}}\\
=&\frac{1}{2}b_l\sum_{i,j=1}^{N}H_{ij}^l\left(x_{il}-x_{jl}\right)\left[f_l\left(x_{il}\right)-f_l\left(x_{jl}\right)\right]-c\left(\|b_l\boldsymbol{H}_l\boldsymbol{x}_l\|^2\right)^{\frac{p+1}{2}}\\
\leqslant&\frac{\mu_l}{2}b_l\sum_{i,j=1}^{N}H_{ij}^l\left(x_{il}-x_{jl}\right)\left(x_{il}-x_{jl}\right)-c\left(\|b_l\boldsymbol{H}_l\boldsymbol{x}_l\|^2\right)^{\frac{p+1}{2}}\\
=&\mu_lb_l\boldsymbol{x}_l^{\mathrm{T}}(t)\boldsymbol{H}_l\boldsymbol{x}_l(t)-c\left(\|b_l\boldsymbol{H}_l\boldsymbol{x}_l\|^2\right)^{\frac{p+1}{2}}\\
=&2\mu_lV_l(t)-c\left(\|b_l\boldsymbol{H}_l\boldsymbol{x}_l\|^2\right)^{\frac{p+1}{2}}.
\end{aligned}\tag{5.5}$$

假设 λ_i^l 为 $\boldsymbol{H}_l$ 的特征值并且满足 $0=\lambda_1^l \leqslant \lambda_2^l \leqslant \cdots \leqslant \lambda_N^l, \boldsymbol{v}_i^l$ 是对应 λ_i^l 的特征向量，则 $\{\boldsymbol{v}_i^l\}$ 可视为 $\mathbb{R}^N$ 中的标准正交基. 因此，对于一些 $\theta_i \in \mathbb{R}$，我们可以得到 $\boldsymbol{x}_l(t)=\sum\limits_{i=1}^{N} \theta_i \boldsymbol{v}_i^l$. 相应地，$b_l \boldsymbol{H}_l \boldsymbol{x}_l(t)=\sum\limits_{i=1}^{N} \theta_i b_l \lambda_i^l \boldsymbol{v}_i^l$，进而 $b_l\|\boldsymbol{H}_l \boldsymbol{x}_l\|^2=b_l^2 \sum\limits_{i=1}^{N} \theta_i^2\left(\lambda_i^l\right)^2 \geqslant b_{\min} b_l \lambda_2^l \sum\limits_{i=1}^{N} \theta_i^2 \lambda_i^l=b_{\min} b_l \lambda_2^l \boldsymbol{x}_l^{\mathrm{T}} \boldsymbol{H}_l \boldsymbol{x}_l$.

结合不等式 (5.5)，有

$$
\begin{aligned}
{}_C D_{t_0, t}^{\beta} V_l(t) & \leqslant 2 \mu_l V_l(t)-c\left(\left\|b_l \boldsymbol{H}_l \boldsymbol{x}_l\right\|^2\right)^{\frac{p+1}{2}} \\
& \leqslant 2 \mu_l V_l(t)-c\left(2 b_{\min } \lambda_2^l V_l(t)\right)^{\frac{p+1}{2}} \\
& =2 \mu_l V_l(t)-c\left[2 b_{\min } \lambda_2^l\right]^{\frac{p+1}{2}} V_l^{\frac{p+1}{2}}(t) \\
& =-c\left(2 b_{\min } \lambda_2^l\right)^{\frac{p+1}{2}} V_l^{\frac{p+1}{2}}(t)\left[1-\frac{2 \mu_l V_l^{\frac{-p+1}{2}}(t)}{c\left(2 b_{\min } \lambda_2^l\right)^{\frac{p+1}{2}}}\right] \\
& \leqslant-c\left(2 b_{\min } \lambda_2^l\right)^{\frac{p+1}{2}}\left[1-\frac{2 \mu_l M^{\frac{-p+1}{2}}}{c\left(2 b_{\min } \lambda_2^l\right)^{\frac{p+1}{2}}}\right] V_l^{\frac{p+1}{2}}(t) .
\end{aligned}
$$

令 $d_1=c\left(2 b_{\min } \lambda_2^l\right)^{\frac{p+1}{2}}\left[1-\frac{2 \mu_l M^{\frac{-p+1}{2}}}{c\left(2 b_{\min } \lambda_2^l\right)^{\frac{p+1}{2}}}\right]$，由条件 $d_1>0$，考虑以下不等式

$$
{}_C D_{t_0, t}^{\beta} V_l(t) \leqslant-d_1 V_l^{\frac{p+1}{2}}(t) . \tag{5.6}
$$

根据引理 5.1，有

$$
{}_C D_{t_0, t}^{\beta} V^{\beta-\frac{1+p}{2}}(t) \leqslant-d_1 \frac{\Gamma\left(\beta+\frac{1-p}{2}\right)}{\Gamma\left(\frac{1-p}{2}\right)} .
$$

对以上不等式的两边从 t_0 到 t 进行分数阶积分，有

$$V^{\beta-\frac{1+p}{2}}(t) \leqslant V^{\beta-\frac{1+p}{2}}(t_0) - d_1 \frac{\Gamma\left(\beta+\dfrac{1-p}{2}\right)}{\Gamma\left(\dfrac{1-p}{2}\right)} \frac{(t-t_0)^{\beta}}{\Gamma(\beta+1)}. \tag{5.7}$$

因为 $V(t)$ 是正的，所以有

$$\lim_{t\to t_1} V(t) = 0,$$

其中 $t_1 = t_0 + \left[\dfrac{V^{\beta-\frac{1+p}{2}}(t_0)\Gamma(\frac{1-p}{2})\Gamma(\beta+1)}{d_1\Gamma(\beta+\frac{1-p}{2})}\right]^{\frac{1}{\beta}}$ 为停滞时间.

下面证明 $V(t)=0, \forall t \geqslant t_1$ 成立. 如果不成立，则存在 $\hat{t}_1 > t_1$ 使得 $V(\hat{t}_1) > 0$. 由不等式 (5.7) 不难得到

$$\begin{aligned}
V^{\beta-\frac{1+p}{2}}(\hat{t}_1) &\leqslant V^{\beta-\frac{1+p}{2}}(t_0) - d_1 \frac{\Gamma\left(\beta+\dfrac{1-p}{2}\right)}{\Gamma\left(\dfrac{1-p}{2}\right)} \frac{(\hat{t}-t_0)^{\beta}}{\Gamma(\beta+1)} \\
&< V^{\beta-\frac{1+p}{2}}(t_0) - d_1 \frac{\Gamma\left(\beta+\dfrac{1-p}{2}\right)}{\Gamma\left(\dfrac{1-p}{2}\right)} \frac{(t_1-t_0)^{\beta}}{\Gamma(\beta+1)} \\
&= 0,
\end{aligned}$$

这与 $V \geqslant 0$ 矛盾. 因此, $V(t)=0, \forall t \geqslant t_1$. 进而得到

$$\lim_{t\to t_1} \left|x_{il}(t) - x_{jl}(t)\right| = 0,$$

以及 $x_{il}(t) = x_{jl}(t)(i,j\in V), t \geqslant t_1$，即当耦合强度 $c \geqslant \dfrac{2\mu_l M^{\frac{1-p}{2}}}{(2b_{\min}\lambda_2^l)^{\frac{1+p}{2}}}$ 时，第 l 层子信息在 D_r^l 中可以实现有限时间同步. 显然，若整个网络要实现有限时间同步，则需要同步各层子信息，即在 $\bigcap_{l=1}^{n} D_r^l$ 区域内实现有限时间同步.

接下来，我们继续研究具有通信约束的复杂网络 (5.4) 的同步问题.

定理 5.2 假设 5.1 成立，针对复杂网络 (5.4) 描述的网络动力学，然后给定

$$D_r^l=\left\{x_{il}(t):\frac{2\mu_l}{w}M^{\frac{1-p}{2}}\leqslant r_l,i\in V\right\},$$

其中常数 $M\geqslant V_l(t)=\frac{b_l}{2N}\sum_{i=1}^{N}e_{il}^2(t),0<p<2\beta-1,w=\min_{\|\boldsymbol{e}_l\|=1,\boldsymbol{e}_l^{\mathrm{T}}1_N=0}W(\boldsymbol{e}_l)$, $e_{il}(t)$ 和 $W(\boldsymbol{e}_l)$ 的具体形式将在后面的证明中给出. 如果对 $\forall l\in\{1,2,\cdots,n\}$，矩阵 $\boldsymbol{H}_l$ 对应的无向图连通，则当耦合强度 $c\geqslant r_l$ 时，复杂网络 (5.4) 在 $\bigcap_{l=1}^{n}D_r^l$ 区域中可以实现有限时间同步.

证明: 对于 $\forall l\in\{1,2,\cdots,n\}$，假设 $s^l(t)=\frac{1}{N}\sum\limits_{i=1}^{N}x_{il}$. 注意到 H_{ij}^l 和 H_{ji}^l 是相同的，所以 $s^l(t)$ 的动态可以被表示为

$${}_CD_{t_0,t}^{\beta}s^l(t)=\frac{1}{N}\sum_{i=1}^{N}{}_CD_{t_0,t}^{\beta}x_{il}(t)=\frac{1}{N}\sum_{i=1}^{N}f_l\left(x_{il}(t)\right).$$

用 $e_{il}(t)=x_{il}(t)-s^l(t)$ 表示第 l 层各子信息的误差，则误差系统为

$${}_CD_{t_0,t}^{\beta}e_{il}(t)=f_l\left(x_{il}(t)\right)+c\sum_{j=1}^{N}H_{ij}^l\mathrm{sig}^p\left(b_l\left(x_{jl}(t)-x_{il}(t)\right)\right)-\frac{1}{N}\sum_{i=1}^{N}f_l\left(x_{il}(t)\right).$$

考虑 Lyapunov 函数

$$V_l(t)=\frac{b_l}{2N}\sum_{i=1}^{N}e_{il}^2(t),$$

对函数 $V_l(t)$ 沿误差系统的轨迹求 Caputo 分数阶导数得到

$$\begin{aligned}{}_CD_{t_0,t}^{\beta}V_l(t)\leqslant&\frac{b_l}{N}\sum_{i=1}^{N}e_{il}(t){}_CD_{t_0,t}^{\beta}e_{il}(t)\\=&\frac{b_l}{N}\sum_{i=1}^{N}e_{il}(t)\left[f_l\left(x_{il}(t)\right)-f_l\left(s^l(t)\right)+f_l\left(s^l(t)\right)-\frac{1}{N}\sum_{i=1}^{N}f_l\left(x_{il}(t)\right)\right.\\&\left.+c\sum_{j=1}^{N}H_{ij}^l\mathrm{sig}^p\left(b_l\left(x_{jl}(t)-x_{il}(t)\right)\right)\right].\end{aligned}$$

下面，我们将 ${}_CD_{t_0,t}^{\beta}V_l(t)$ 分成三部分，即 ${}_CD_{t_0,t}^{\beta}V_l(t) \leqslant D_1+D_2+D_3$，其中

$$\begin{aligned}
D_1 =& \frac{b_l}{N}\sum_{i=1}^{N} e_{il}(t)\left[f_l\left(x_{il}(t)\right)-f_l\left(s^l(t)\right)\right], \\
D_2 =& \frac{b_l}{N}\sum_{i=1}^{N} e_{il}(t)\left[f_l\left(s^l(t)\right)-\frac{1}{N}\sum_{j=1}^{N} f_l\left(x_{jl}(t)\right)\right], \\
D_3 =& \frac{cb_l}{N}\sum_{i=1}^{N} e_{il}(t)\sum_{j=1}^{N} H_{ij}^l \operatorname{sig}^p\left(b_l\left(x_{jl}(t)-x_{il}(t)\right)\right).
\end{aligned}$$

第一部分，

$$\begin{aligned}
D_1 &= \frac{b_l}{N}\sum_{i=1}^{N} e_{il}(t)\left[f_l\left(x_{il}(t)\right)-f_l\left(s^l(t)\right)\right] \\
&\leqslant \frac{b_l}{N}\sum_{i=1}^{N} e_{il}(t)\mu_l\left(x_{il}(t)-s^l(t)\right) \\
&= \frac{b_l}{N}\sum_{i=1}^{N} e_{il}(t)\mu_l e_{il}(t) = 2\mu_l V_l(t).
\end{aligned}$$

第二部分，

$$\begin{aligned}
D_2 &= \frac{b_l}{N}\sum_{i=1}^{N} e_{il}(t)\left[f_l\left(s^l(t)\right)-\frac{1}{N}\sum_{j=1}^{N} f_l\left(x_{jl}(t)\right)\right] \\
&= b_l\left[\frac{1}{N}\sum_{i=1}^{N} e_{il}(t)\right]\left[f_l\left(s^l(t)\right)-\frac{1}{N}\sum_{j=1}^{N} f_l\left(x_{jl}(t)\right)\right].
\end{aligned}$$

由于

$$\frac{1}{N}\sum_{i=1}^{N} e_{il}(t) = \frac{1}{N}\sum_{i=1}^{N}\left[x_{il}(t)-s^l(t)\right] = \frac{1}{N}\sum_{i=1}^{N} x_{il}(t)-\frac{1}{N}\sum_{i=1}^{N} s^l(t) = s^l(t)-s^l(t)=0,$$

得到 $D_2=0$.

最后，对于第三部分，注意到

$$\frac{b_l}{N}\sum_{i=1}^{N} e_{il}(t)\sum_{j=1}^{N} H_{ij}^l \operatorname{sig}^p\left(b_l\left(x_{jl}(t)-x_{il}(t)\right)\right)$$

$$
\begin{aligned}
&=\frac{b_l}{N}\sum_{i,j=1}^{N}H_{ij}^{l}e_{il}(t)\mathrm{sig}^{p}\left(b_l\left(e_{jl}(t)-e_{il}(t)\right)\right)\\
&=-\frac{b_l}{2N}\sum_{i,j=1}^{N}H_{ij}^{l}\left(e_{jl}-e_{il}\right)\mathrm{sig}^{p}\left(b_l\left(e_{jl}-e_{il}\right)\right)\\
&=-\frac{1}{2N}\sum_{i,j=1}^{N}H_{ij}^{l}\left|b_l\left(e_{jl}(t)-e_{il}(t)\right)\right|^{p+1}.
\end{aligned}
$$

令 $W_1(\boldsymbol{e}_l)=\frac{1}{2N}\sum_{i,j=1}^{N}H_{ij}^{l}\left|b_l\left(e_{jl}(t)-e_{il}(t)\right)\right|^{p+1}$，其中 $\boldsymbol{e}_l=(e_{1l},e_{2l},\cdots,e_{Nl})^{\mathrm{T}}$，并且 $W(\boldsymbol{e}_l)=W_1(\boldsymbol{e}_l)V_l^{-(\frac{p+1}{2})}$. 对于任意 $a\in R$ 及 $a\neq 0$，不难得到 $W(a\boldsymbol{e}_l)=W(\boldsymbol{e}_l)$. 令 $w=\min_{\|\boldsymbol{e}_l\|=1,\boldsymbol{e}_l^{\mathrm{T}}1_N=0}W(\boldsymbol{e}_l)$. 由于 $W_1(\boldsymbol{e}_l)\geqslant 0,V_l(t)\geqslant 0$, 则 $W(\boldsymbol{e}_l)=0$ 当且仅当 $\boldsymbol{e}_l=0$，这意味着 $w\geqslant 0$. 如果 $w=0$, 则存在 $\boldsymbol{e}_l'$ 满足 $W_1(\boldsymbol{e}_l')=0$. 根据 $G(\boldsymbol{H}_l)$ 的连通性，$W_l(\boldsymbol{e}_l')=0$ 当且仅当 $\boldsymbol{e}_l'=a'\mathbf{1}_N$. 由于 $\boldsymbol{e}_l'^{T}\mathbf{1}_N=0$，得到 $\boldsymbol{e}_l'=0$，这与 $\|\boldsymbol{e}_l'\|=1$ 矛盾，因此 $w>0$.

于是，有 $D_3\leqslant -cwV_l^{\frac{p+1}{2}}(t)$. 通过对以上的分析，可以得出

$$
\begin{aligned}
{}_{C}D_{t_0,t}^{\beta}V_l(t)\leqslant&2\mu_lV_l(t)-cwV_l^{\frac{p+1}{2}}(t)\\
=&-cwV_l^{\frac{p+1}{2}}(t)\left[1-\frac{2\mu_l}{cw}V_l^{\frac{1-p}{2}}(t)\right]\\
\leqslant&-cw\left[1-\frac{2\mu_l}{cw}M^{\frac{1-p}{2}}\right]V_l^{\frac{p+1}{2}}(t).
\end{aligned}
$$

令 $d_2=cw\left[1-\frac{2\mu_l}{cw}M^{\frac{1-p}{2}}\right]$，由条件 $d_2>0$，进而有

$$
{}_{C}D_{t_0,t}^{\beta}V_l(t)\leqslant -d_2V_l^{\frac{p+1}{2}}(t).
$$

此后与定理 5.1 中的证明类似，可以得到当耦合强度 $c\geqslant\frac{2\mu_l}{w}M^{\frac{1-p}{2}}$ 时，在区域 D_r^l 中第 l 层子信息可以实现有限时间同步，并且停滞时间为

$$
t_2=t_0+\left[\frac{V(t_0)\Gamma(\frac{1-p}{2})}{d_2}\right]^{-(\beta-\frac{p+1}{2})}.
$$

相应地，整个网络将在区域 $\bigcap_{l=1}^{n} D_r^l$ 内能够实现有限时间同步.

5.3 数值模拟

在本小节中，通过一个数值例子来验证所提出理论的有效性和可行性.

例 5.1 考虑一个由 7 个节点组成的复杂网络，每个节点拥有 $n=3$ 个子信息. 现在我们使用类似于文献 [68] 中的一些参数设置. 非线性函数定义为

$$
\boldsymbol{f}(\boldsymbol{x}_i(t)) = \begin{pmatrix} \frac{1}{2}(|x_{i1}(t)+1|-|x_{i1}(t)-1|) \\ \frac{1}{2}(|x_{i2}(t)+1|-|x_{i2}(t)-1|) \\ \frac{1}{2}(|x_{i3}(t)+1|-|x_{i3}(t)-1|) \end{pmatrix},
$$

其中 $\boldsymbol{x}_i(t)=(x_{i1}(t),x_{i2}(t),x_{i3}(t))^{\mathrm{T}}, i=1,2,\cdots,7$. 容易验证函数 $\boldsymbol{f}$ 满足 Lipschitz 条件，Lipschitz 常数为 $(\mu_1,\mu_2,\mu_3)=(1,1,1)$. 内部和外部耦合矩阵分别为

$$
\boldsymbol{B} = \begin{bmatrix} 1 & 0 & 0 \\ 0 & 2 & 0 \\ 0 & 0 & 3 \end{bmatrix}, \boldsymbol{A} = \begin{pmatrix} 0 & 2 & 1 & 3 & 2 & 0 & 0 \\ 2 & 0 & 3 & 0 & 0 & 3 & 4 \\ 1 & 3 & 0 & 4 & 0 & 0 & 5 \\ 3 & 0 & 4 & 0 & 3 & 1 & 0 \\ 2 & 0 & 0 & 3 & 0 & 5 & 4 \\ 0 & 3 & 0 & 1 & 5 & 0 & 2 \\ 0 & 4 & 5 & 0 & 4 & 2 & 0 \end{pmatrix}.
$$

然后给出信道矩阵来表示信道的运行，其中 $\boldsymbol{P}_{12}=\boldsymbol{P}_{21}=diag\{1,1,0\},\boldsymbol{P}_{13}=\boldsymbol{P}_{31}=diag\{1,1,0\},\boldsymbol{P}_{14}=\boldsymbol{P}_{41}=diag\{1,0,1\},\boldsymbol{P}_{15}=\boldsymbol{P}_{51}=diag\{0,1,0\},\boldsymbol{P}_{23}=\boldsymbol{P}_{32}=diag\{1,1,0\},\boldsymbol{P}_{26}=\boldsymbol{P}_{62}=diag\{1,0,1\},\boldsymbol{P}_{27}=\boldsymbol{P}_{72}=diag\{0,1,1\},\boldsymbol{P}_{34}=\boldsymbol{P}_{43}=diag\{0,1,1\},\boldsymbol{P}_{45}=\boldsymbol{P}_{54}=diag\{1,1,0\},\boldsymbol{P}_{46}=\boldsymbol{P}_{64}=diag\{0,0,1\},\boldsymbol{P}_{56}=\boldsymbol{P}_{65}=diag\{1,1,0\},\boldsymbol{P}_{57}=\boldsymbol{P}_{75}=diag\{0,1,1\},\boldsymbol{P}_{67}=\boldsymbol{P}_{76}=diag\{1,1,1\}$. 基于邻接矩阵和信道矩阵，图 5.1 显示了网络中节点之间的交互关系，以及一个信道故障示例.

图 5.2 显示了 7 个节点之间三个子信息的传输拓扑.

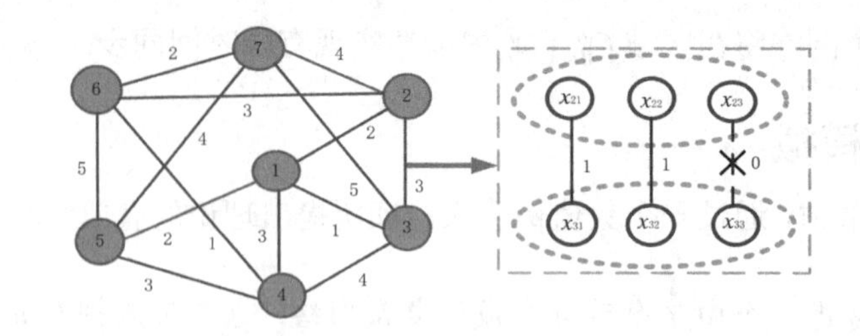

图 5.1 部分通信信道失效的复杂网络拓扑结构

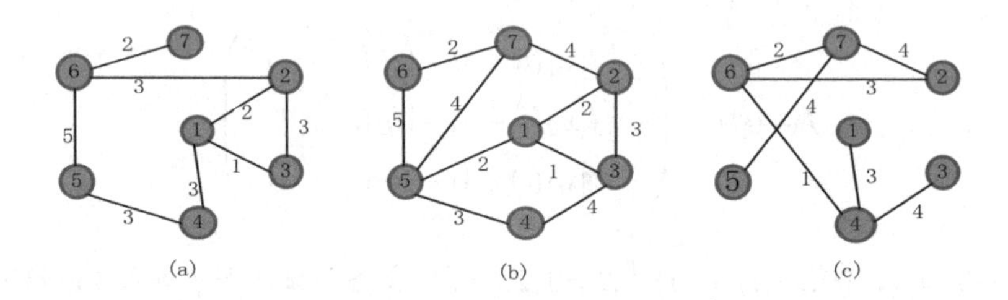

图 5.2 三个子信息的拓扑结构

据此可以得到相应的状态分层矩阵 $\boldsymbol{H}_l, l=1,2,3$. 这里仅以 $\boldsymbol{H}_1$ 为例，也可据此得到 $\boldsymbol{H}_2$ 和 $\boldsymbol{H}_3$ 的表示形式.

$$\boldsymbol{H}_1=\begin{pmatrix} 0 & 2 & 1 & 3 & 0 & 0 & 0 \\ 2 & 0 & 3 & 0 & 0 & 3 & 0 \\ 1 & 3 & 0 & 0 & 0 & 0 & 0 \\ 3 & 0 & 0 & 0 & 3 & 0 & 0 \\ 0 & 0 & 0 & 3 & 0 & 5 & 0 \\ 0 & 3 & 0 & 0 & 5 & 0 & 2 \\ 0 & 0 & 0 & 0 & 0 & 2 & 0 \end{pmatrix}.$$

最后，我们验证了定理 5.1 和定理 5.2 中得到的同步条件. 首先，可以观察到矩阵 $\boldsymbol{H}_l$ 对应的无向图都是连通的. 然后设 $c=6, p=0.25$，从区间 $[0,10]$ 中随机选取节点的初始状态. 由图 5.3 和图 5.4 可以看出，网络 (5.3) 可以在有限时间内实现同步. 同样从图 5.5 和图 5.6 可以看出在网络 (5.4) 下同步误差也可以在有限时间内趋于 0.

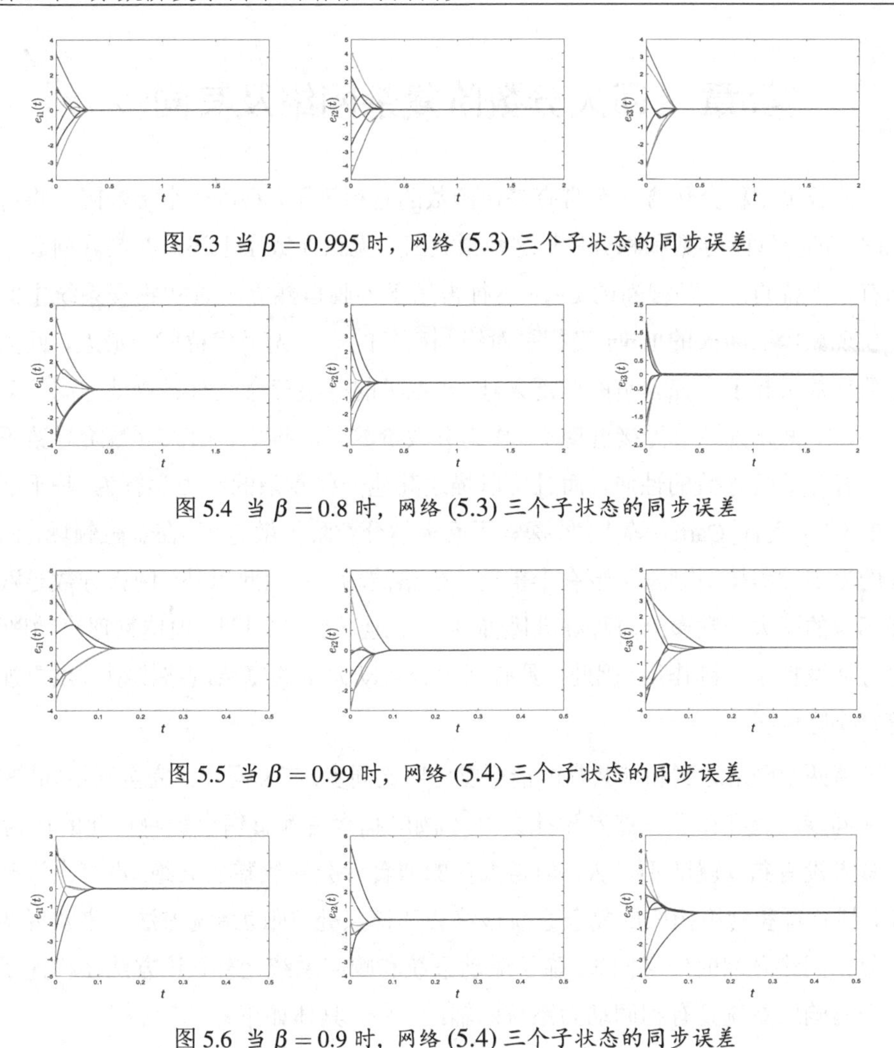

图 5.3 当 $\beta = 0.995$ 时，网络 (5.3) 三个子状态的同步误差

图 5.4 当 $\beta = 0.8$ 时，网络 (5.3) 三个子状态的同步误差

图 5.5 当 $\beta = 0.99$ 时，网络 (5.4) 三个子状态的同步误差

图 5.6 当 $\beta = 0.9$ 时，网络 (5.4) 三个子状态的同步误差

5.4 小结

本章针对分数阶复杂网络的有限时间同步问题，提出了一种新的通信约束. 考虑了两个节点之间的连接通道可能出现故障的情况，导致信息不能完全传输. 信道矩阵和状态分层矩阵的引入很好地解决了通信约束带来的同步分析中的困难. 随后基于确定时间稳定性理论和状态分层方法，研究了两种非线性耦合模型的同步准则. 最后通过数值例子验证了所得结论的有效性.

第6章　回火分数阶复杂网络及其同步

分数阶微积分包含一个带有幂律函数的卷积算子，乘以一个指数因子将得到回火的分数阶导数和积分[73]. 这种指数回火无论在数学上还是在实际问题中都有很多优点. 一种截断的 Lévy 飞行被用于刻画自然界中真实物理系统中的中断现象[74]. 回火的 Lévy 飞行是对锋利截断的一种光滑代替[75]. 最近，回火分数导数引起了研究人员的广泛兴趣. 在粒子的有限寿命或有界物理空间的意义上，回火分数导数更接近现实. 作为分数阶算子的推广，回火分数阶导数不仅具有分数阶导数的性质，而且可以描述其他一些复杂的动力学行为. 基于回火的 Lévy 飞行, Cartea 等人[76] 探索了回火的分数阶扩散方程. 在金融领域，回火的稳定过程模型刻画了带有半重尾的价格波动[77]. 除此以外，回火分数导数和相应的回火分数微分方程在孔隙弹性[78]、地下水水文[79]、地球物理流动[80]等方面发挥了关键作用. 因此，具有回火分数动力学的复杂网络模型可以更加符合实际情况.

将两个网络达到和谐共存的情形看作广义同步，广义同步比完全同步弱[81]. 广义同步广泛存在于自然界和社会中. 例如，捕食者和食饵会影响彼此的行为. 捕食者没有猎物就活不下去，但是太多的捕食者会导致猎物灭绝. 没有人为破坏，捕食者和食饵构成的复杂系统最终会和谐共处. 辅助系统方法用来实现两个复杂网络之间的广义同步. 除了驱动系统和响应系统之外，该方法还构建了一个与响应系统具有相同动力系统的辅助系统，具体如下：

$$
\begin{cases}
{}_C D_{0,t}^{\alpha_1,\lambda_1} \boldsymbol{x}(t) = \boldsymbol{G}(\boldsymbol{x}(t)), & \text{(驱动系统)} \\
{}_C D_{0,t}^{\alpha_2,\lambda_2} \boldsymbol{y}(t) = \boldsymbol{H}(\boldsymbol{x}(t),\boldsymbol{y}(t)), & \text{(响应系统)} \\
{}_C D_{0,t}^{\alpha_2,\lambda_2} \boldsymbol{z}(t) = \boldsymbol{H}(\boldsymbol{x}(t),\boldsymbol{z}(t)), & \text{(辅助系统)}
\end{cases}
\tag{6.1}
$$

其中 $\boldsymbol{x}(t),\boldsymbol{y}(t),\boldsymbol{z}(t) \in \mathbb{R}^n$ 分别是驱动、响应、辅助系统的状态变量. ${}_C D_{0,t}^{\alpha,\lambda}$ 是回火的分数阶导数，将在后面被定义.

如果响应系统和辅助系统达到了完全同步, 即 $\lim\limits_{t\to\infty}\|\boldsymbol{y}(t)-\boldsymbol{z}(t)\| = 0$ 对于初始条件 $\boldsymbol{y}(t_0) \neq \boldsymbol{z}(t_0)$, 则称驱动系统和响应系统达到了广义同步. 图 6.1 给出了基

于辅助系统方法的广义同步原理图. 特别的，层 I 是驱动层, 层 II 是响应层. 响应层被来自层 I 的信号驱动. 辅助层是 III, 与层 II 有着相同的结构，被来自驱动层的相同信号驱动. 这种技巧对于实现两个复杂网络的广义同步是非常有效的. 但是据我们所知，还没有人使用这种技巧讨论分数阶复杂网络的同步.

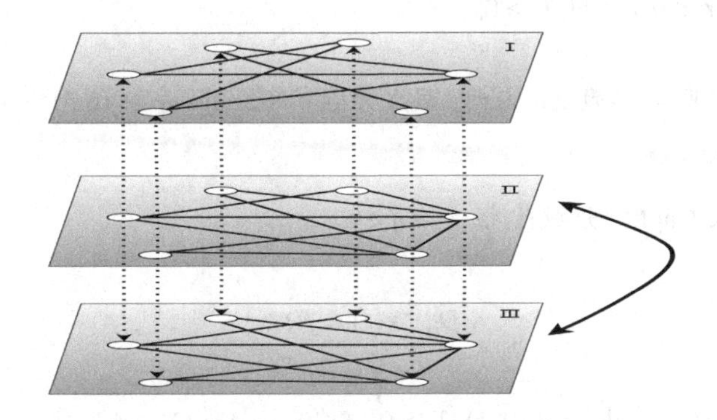

图 6.1 基于辅助系统方法的广义同步示意图[82]

回火分数阶复杂网络的广义同步比一般的同步有更丰富的动力学行为，它揭示了耦合网络状态空间中同步轨迹之间更为复杂的联系. 在本节中首次研究了回火分数复杂网络及其广义同步问题. 首先，我们推导了回火分数阶微积分的一些性质. 其次，构造了分数阶复杂网络的同步判据，提出了回火 Mittag-Leffler 稳定性，较好地描述了回火分数阶复杂网络的稳定性特征. 再次，与经典分数阶混沌系统相比，回火分数阶混沌系统具有更多可改变的动力学行，它可能在保密通信和控制中更有用. 最后，采用了辅助系统的方法考虑分数阶复杂网络的广义同步问题.

6.1 回火分数阶微积分及其性质

定义 6.1 [79] 带有阶 $\alpha > 0$ 和回火参数 $\lambda \geqslant 0$ 的回火分数阶积分被定义为

$$ {}_aI_t^{\alpha,\lambda}x(t) = \frac{1}{\Gamma(\alpha)}\int_a^t \mathrm{e}^{-\lambda(t-s)}(t-s)^{\alpha-1}x(s)\mathrm{d}s, \tag{6.2}$$

其中 Γ 表示 Gamma 函数.

定义 6.2 [76] 回火分数阶 Caputo 导数被定义为

$$ {}_C D_{t_0,t}^{\alpha,\lambda} x(t) = \frac{\mathrm{e}^{-\lambda t}}{\Gamma(n-\alpha)} \int_{t_0}^{t} \frac{1}{(t-s)^{\alpha-n+1}} \frac{\mathrm{d}^n(\mathrm{e}^{\lambda s} x(s))}{\mathrm{d}s^n} \mathrm{d}s, \tag{6.3} $$

其中 $n-1 \leqslant \alpha < n, n \in \mathbb{N}, \lambda \geqslant 0$.

注 6.1 当回火参数 $\lambda = 0$ 时, 回火分数阶 Caputo 导数 (6.3) 变为经典的分数阶 Caputo 导数.

考虑回火 Caputo 分数阶非自治系统

$$ {}_C D_{0,t}^{\alpha,\lambda} \boldsymbol{x}(t) = \boldsymbol{f}(t, \boldsymbol{x}) \tag{6.4} $$

初值条件为 $\boldsymbol{x}(0)$, 其中 $\alpha \in (0,1), \lambda \geqslant 0$, $\boldsymbol{f}: [0,+\infty) \times \Omega \to \mathbb{R}^n$ 对 t 是分段连续且对 $\boldsymbol{x}$ 满足局部 Lipschitz 条件, $\Omega \subset \mathbb{R}^n$ 是一个包含原点 $\boldsymbol{x} = \boldsymbol{0}$ 的区域.

定义 6.3 常数 $\boldsymbol{x}_0$ 是系统 (6.4) 的一个平衡点当且仅当

$$ {}_C D_{0,t}^{\alpha,\lambda} \boldsymbol{x}_0 = \boldsymbol{f}(t, \boldsymbol{x}_0). \tag{6.5} $$

为方便起见，假设所有定义和定理中的平衡点为 $\boldsymbol{x}_0 = \boldsymbol{0}$. 因为任何平衡点都可以通过变量代换转化到原点，所以这样做不会失去一般性. 假设 (6.5) 的平衡点是 $\bar{\boldsymbol{x}} \neq \boldsymbol{0}$，考虑变量代换 $\boldsymbol{y} = \boldsymbol{x} - \bar{\boldsymbol{x}}$. $\boldsymbol{y}$ 的回火 Caputo 分数导数由下式给出

$$ \begin{aligned} {}_C D_{0,t}^{\alpha,\lambda} \boldsymbol{y} &= {}_C D_{0,t}^{\alpha,\lambda} (\boldsymbol{x} - \bar{\boldsymbol{x}}) = \boldsymbol{f}(t, \boldsymbol{x}) - \bar{\boldsymbol{x}} \mathrm{e}^{-\lambda t} {}_C D_{0,t}^{\alpha,0} \mathrm{e}^{\lambda t} \\ &= \boldsymbol{f}(t, \boldsymbol{y} + \bar{\boldsymbol{x}}) - \bar{\boldsymbol{x}} \mathrm{e}^{-\lambda t} {}_C D_{0,t}^{\alpha,0} \mathrm{e}^{\lambda t} \\ &= \bar{\boldsymbol{g}}(t, \boldsymbol{y}), \end{aligned} $$

其中 $\bar{\boldsymbol{g}}(t, \boldsymbol{0}) = \boldsymbol{0}$, 在新的变量 $\boldsymbol{y}$ 下, 系统的平衡点为原点.

定义 6.4 若

$$ \|\boldsymbol{x}(t)\| \leqslant [m(\boldsymbol{x}(0)) \mathrm{e}^{-\lambda t} E_\alpha(-k t^\alpha)]^b, $$

其中 $t \geqslant 0, \lambda \geqslant 0, \alpha \in (0,1), b > 0, k \geqslant 0, m(0) = 0, m(\boldsymbol{x}) \geqslant 0$, 并且 $m(\boldsymbol{x})$ 对 $\boldsymbol{x} \in \mathbb{B} \subset \mathbb{R}^n$ 满足局部 Lipschitz 条件，m_0 为 Lipschitz 常数，称系统 (6.4) 的解是回火 Mittag-Leffler 稳定的.

注 6.2 若 $\lambda = 0$, 回火 Mittag-Leffler 稳定退化为一般的 Mittag-Leffler 稳定.

注 6.3 回火 Mittag-Leffler 稳定和一般的 Mittag-Leffler 稳定都意味着渐近稳定, 即

$$\lim_{t \to \infty} \|\boldsymbol{x}(t)\| = 0.$$

为了获得主要结果，下面给出了几个引理.

引理 6.1 [83] 假设 $\boldsymbol{Q} = (q_{ij})_{N \times N}$ 是对称矩阵. 令 $\boldsymbol{M}^* = \mathrm{diag}\{\underbrace{m_1^*, m_2^*, \cdots, m_l^*}_{l}, \underbrace{0, \cdots, 0}_{N-l}\}$, $1 \leqslant l \leqslant N$, 以及 $m_i^* > 0\ (i = 1, 2, \cdots, l)$, $\boldsymbol{Q} - \boldsymbol{M}^* = \begin{pmatrix} \boldsymbol{E} - \widetilde{\boldsymbol{M}}^* & \boldsymbol{S} \\ \boldsymbol{S}^{\mathrm{T}} & \boldsymbol{Q}_l \end{pmatrix}$, $\widetilde{\boldsymbol{M}}^* = \mathrm{diag}(m_1^*, \cdots, m_l^*)$, $m^* = \min_{1 \leqslant i \leqslant l}\{m_i^*\}$. $\boldsymbol{Q}_l$ 是 $\boldsymbol{Q}$ 的块矩阵，通过删除它的前 l $(1 \leqslant l \leqslant N)$ 行 — 列对获得，并且 $\boldsymbol{E}$ 和 $\boldsymbol{S}$ 是具有适当维度的矩阵. 当 $m^* > \lambda_{\max}(\boldsymbol{E} - \boldsymbol{S}\boldsymbol{Q}_l^{-1}\boldsymbol{S}^{\mathrm{T}})$，则 $\boldsymbol{Q} - M^* < 0$ 等价于 $\boldsymbol{Q}_l < 0$.

引理 6.2 [84] 回火分数阶 Caputo 导数 (6.3) 的 Laplace 变换为

$$\mathscr{L}\{{}_C D_{0,t}^{\alpha,\lambda} x(t)\} = (s+\lambda)^\alpha X(s) - \sum_{k=0}^{n-1} (s+\lambda)^{\alpha-k-1} \left[\frac{\mathrm{d}^k}{\mathrm{d}t^k}(\mathrm{e}^{\lambda t} x(t))\right]\Bigg|_{t=0}, \tag{6.6}$$

其中 $X(s) = \mathscr{L}\{x(t)\}$ 表示 $x(t)$ 的 Laplace 变换.

对于回火分数导数，我们可以得到以下定理.

定理 6.1 若 $x(t) \in \mathbb{R}$ 是一个连续可微的函数, 对于任意的 $t \geqslant 0$, 有

$${}_C D_{0,t}^{\alpha,\lambda} x^2(t) \leqslant 2x(t)\, {}_C D_{0,t}^{\alpha,\lambda} x(t), \tag{6.7}$$

其中 $0 < \alpha < 1$，$\lambda \geqslant 0$.

证明: 令 $y(s)=\mathrm{e}^{\lambda s}[x(t)-x(s)]^2$, $s\in[0,t]$. 对于任意的 $t\geqslant 0$, 由定义 6.2 得到

$$
\begin{aligned}
&{}_{C}D_{0,t}^{\alpha,\lambda}x^2(t)\\
=&\frac{\mathrm{e}^{-\lambda t}}{\Gamma(1-\alpha)}\int_0^t\frac{1}{(t-s)^\alpha}\left[\lambda\mathrm{e}^{\lambda s}x^2(s)+2\mathrm{e}^{\lambda s}x(s)\dot{x}(s)\right]\mathrm{d}s\\
=&\frac{\mathrm{e}^{-\lambda t}}{\Gamma(1-\alpha)}\int_0^t\frac{\mathrm{e}^{\lambda s}}{(t-s)^\alpha}\left[\lambda x^2(s)+2x(s)\dot{x}(s)\right.\\
&\left.-2\lambda x(t)x(s)-2x(t)\dot{x}(s)+2\lambda x(t)x(s)+2x(t)\dot{x}(s)\right]\mathrm{d}s\\
=&\frac{\mathrm{e}^{-\lambda t}}{\Gamma(1-\alpha)}\int_0^t\frac{\mathrm{e}^{\lambda s}}{(t-s)^\alpha}\left[\lambda x^2(s)+2x(s)\dot{x}(s)\right.\\
&\left.-2\lambda x(t)x(s)-2x(t)\dot{x}(s)\right]\mathrm{d}s+2x(t)\,{}_{C}D_{0,t}^{\alpha,\lambda}x(t)\\
\leqslant&\frac{\mathrm{e}^{-\lambda t}}{\Gamma(1-\alpha)}\int_0^t\frac{\mathrm{e}^{\lambda s}}{(t-s)^\alpha}\left[\lambda x^2(s)-2\lambda x(t)x(s)+\lambda x^2(t)\right.\\
&\left.+2x(s)\dot{x}(s)-2x(t)\dot{x}(s)\right]\mathrm{d}s+2x(t)\,{}_{C}D_{0,t}^{\alpha,\lambda}x(t)\\
=&\frac{\mathrm{e}^{-\lambda t}}{\Gamma(1-\alpha)}\int_0^t\frac{\mathrm{e}^{\lambda s}}{(t-s)^\alpha}\Big\{\lambda\left[x(t)-x(s)\right]^2\\
&+2x(s)\dot{x}(s)-2x(t)\dot{x}(s)\Big\}\mathrm{d}s+2x(t)\,{}_{C}D_{0,t}^{\alpha,\lambda}x(t)\\
=&\frac{\mathrm{e}^{-\lambda t}}{\Gamma(1-\alpha)}\int_0^t\frac{1}{(t-s)^\alpha}\dot{y}(s)\mathrm{d}s+2x(t)\,{}_{C}D_{0,t}^{\alpha,\lambda}x(t)\\
=&\frac{\mathrm{e}^{-\lambda t}}{\Gamma(1-\alpha)}\left[\left.\frac{y(s)}{(t-s)^\alpha}\right|_0^t-\alpha\int_0^t\frac{y(s)}{(t-s)^{\alpha+1}}\mathrm{d}s\right]\\
&+2x(t)\,{}_{C}D_{0,t}^{\alpha,\lambda}x(t)\\
\leqslant&\frac{\mathrm{e}^{-\lambda t}}{\Gamma(1-\alpha)}\lim_{s\to t}\frac{y(s)}{(t-s)^\alpha}+2x(t)\,{}_{C}D_{0,t}^{\alpha,\lambda}x(t).
\end{aligned}
\tag{6.8}
$$

因为函数 $y(s)$ 是可微的, 由洛必达法则得到

$$
\begin{aligned}
&\frac{\mathrm{e}^{-\lambda t}}{\Gamma(1-\alpha)}\lim_{s\to t}\frac{y(s)}{(t-s)^\alpha}\\
=&-\frac{\mathrm{e}^{-\lambda t}}{\Gamma(1-\alpha)}\lim_{s\to t}\left\{\frac{\lambda\mathrm{e}^{\lambda s}[x(t)-x(s)]^2}{\alpha(t-s)^{\alpha-1}}+\frac{2\mathrm{e}^{\lambda s}\dot{x}(s)[x(s)-x(t)]}{\alpha(t-s)^{\alpha-1}}\right\}\\
=&-\frac{\mathrm{e}^{-\lambda t}}{\alpha\Gamma(1-\alpha)}\lim_{s\to t}\mathrm{e}^{\lambda s}\left\{\lambda\left[x(t)-x(s)\right]^2+2\dot{x}(s)[x(s)-x(t)]\right\}(t-s)^{1-\alpha}
\end{aligned}
$$

$$=0. \tag{6.9}$$

结合式 (6.8) 和式 (6.9) 得到

$${}_C D_{0,t}^{\alpha,\lambda} x^2(t) \leqslant 2x(t)\, {}_C D_{0,t}^{\alpha,\lambda} x(t).$$

.

定理 6.2 若 $\boldsymbol{x}(t) \in \mathbb{R}^n$ 是一个可微的向量函数. 则对于任意的 $t \geqslant 0$, 以下不等式成立

$${}_C D_{0,t}^{\alpha,\lambda} \left[\boldsymbol{x}^{\mathrm{T}}(t)\boldsymbol{P}\boldsymbol{x}(t)\right] \leqslant 2\boldsymbol{x}^{\mathrm{T}}(t)\boldsymbol{P}\, {}_C D_{0,t}^{\alpha,\lambda} \boldsymbol{x}(t),$$

其中 $0 < \alpha < 1, \lambda \geqslant 0$, $\boldsymbol{P}$ 是一个对称正定矩阵.

证明: 由于 $\boldsymbol{P}$ 是一个对称正定矩阵，所以存在一个正交矩阵 $\boldsymbol{B} \in \mathbb{R}^{n\times n}$ 和一个单位矩阵 $\boldsymbol{\Lambda} \in \mathbb{R}^{n\times n}$, 使得

$$\boldsymbol{P} = \boldsymbol{B}\boldsymbol{\Lambda}\boldsymbol{B}^{\mathrm{T}}, \tag{6.10}$$

其中 $\boldsymbol{\Lambda} = \mathrm{diag}\{\lambda_{11}, \lambda_{22}, \cdots, \lambda_{nn}\}$, $\lambda_{ii} > 0\ (i = 1, 2, \cdots, n)$. 从而

$$\boldsymbol{x}^{\mathrm{T}}(t)\boldsymbol{P}\boldsymbol{x}(t) = \boldsymbol{x}^{\mathrm{T}}(t)\boldsymbol{B}\boldsymbol{\Lambda}\boldsymbol{B}^{\mathrm{T}}\boldsymbol{x}(t) = \left[\boldsymbol{B}^{\mathrm{T}}\boldsymbol{x}(t)\right]^{\mathrm{T}} \boldsymbol{\Lambda} \left[\boldsymbol{B}^{\mathrm{T}}\boldsymbol{x}(t)\right]. \tag{6.11}$$

令 $\boldsymbol{x}(t) = \boldsymbol{B}^{\mathrm{T}}\boldsymbol{x}(t)$, 得到

$$\boldsymbol{x}^{\mathrm{T}}(t)\boldsymbol{P}\boldsymbol{x}(t) = \boldsymbol{x}^{\mathrm{T}}(t)\boldsymbol{\Lambda}\boldsymbol{x}(t) = \sum_{i=1}^{n} \lambda_{ii} y_i^2(t). \tag{6.12}$$

由定理 6.1 得到

$$\begin{aligned} {}_C D_{0,t}^{\alpha,\lambda} \left[\boldsymbol{x}^{\mathrm{T}}(t)\boldsymbol{P}\boldsymbol{x}(t)\right] &= {}_C D_{0,t}^{\alpha,\lambda} \left[\sum_{i=1}^{n} \lambda_{ii} y_i^2(t)\right] \\ &= \sum_{i=1}^{n} {}_C D_{0,t}^{\alpha,\lambda} \left[\lambda_{ii} y_i^2(t)\right] \leqslant 2\sum_{i=1}^{n} \lambda_{ii} y_i(t)\, {}_C D_{0,t}^{\alpha,\lambda} y_i(t) \end{aligned}$$

$$=2\boldsymbol{y}^{\mathrm{T}}(t)\boldsymbol{\Lambda}\,{}_{C}D_{0,t}^{\alpha,\lambda}\boldsymbol{y}(t)$$
$$=2\left[\boldsymbol{B}^{\mathrm{T}}\boldsymbol{x}(t)\right]^{\mathrm{T}}\boldsymbol{\Lambda}\,{}_{C}D_{0,t}^{\alpha,\lambda}\left[\boldsymbol{B}^{\mathrm{T}}\boldsymbol{x}(t)\right]$$
$$=2\boldsymbol{x}^{\mathrm{T}}(t)\boldsymbol{P}\,{}_{C}D_{0,t}^{\alpha,\lambda}\boldsymbol{x}(t).$$

定理 6.3 若 $\boldsymbol{x}(t)\in\mathbb{R}^n$ 是一个可微的向量函数，且连续函数 $V:[0,+\infty)\times\mathbb{R}^n\to\mathbb{R}$ 满足

$$_{C}D_{0,t}^{\alpha,\lambda}V(t,\boldsymbol{x}(t))\leqslant-\theta V(t,\boldsymbol{x}(t)),\tag{6.13}$$

则

$$V(t,\boldsymbol{x}(t))\leqslant V(0,\boldsymbol{x}(0))\mathrm{e}^{-\lambda t}E_{\alpha}(-\theta t^{\alpha}),\tag{6.14}$$

其中 $0<\alpha<1,\lambda\geqslant0$, θ 是一个正常数.

证明: 由不等式 (6.13), 存在一个非负函数 $M(t)$ 满足

$$_{C}D_{0,t}^{\alpha,\lambda}V(t,\boldsymbol{x}(t))+\theta V(t,\boldsymbol{x}(t))+M(t)=0.\tag{6.15}$$

对式 (6.15) 两端同时进行 Laplace 变换得到

$$(s+\lambda)^{\alpha}V(s)-(s+\lambda)^{\alpha-1}V(0,\boldsymbol{x}(0))+\theta V(s)+M(s)=0,\tag{6.16}$$

其中 $V(s)=\mathscr{L}\{V(t,\boldsymbol{x}(t))\},M(s)=\mathscr{L}\{M(t)\}$. 因此，

$$V(s)=\frac{(s+\lambda)^{\alpha-1}V(0,\boldsymbol{x}(0))-M(s)}{(s+\lambda)^{\alpha}+\theta}.\tag{6.17}$$

对式 (6.17) 进行 Laplace 逆变换得到

$$V(t,\boldsymbol{x}(t))=V(0,\boldsymbol{x}(0))\mathrm{e}^{-\lambda t}E_{\alpha}(-\theta t^{\alpha})-M(t)*[t^{\alpha-1}\mathrm{e}^{-\lambda t}E_{\alpha,\alpha}(-\theta t^{\alpha})],\tag{6.18}$$

其中 $*$ 表示卷积. 因为 $M(t)$ 和 $t^{\alpha-1}\mathrm{e}^{-\lambda t}E_{\alpha,\alpha}(-\theta t^{\alpha})$ 都是非负函数, 所以有

$$V(t,\boldsymbol{x}(t)) \leqslant V(0,\boldsymbol{x}(0))\mathrm{e}^{-\lambda t}E_{\alpha}(-\theta t^{\alpha}).$$

实际上，很难找到满足不等式 (6.13) 合适的函数 $V(t,\boldsymbol{x}(t))$. 因此，我们提出了第二种 Lyapunov 方法来弱化定理 6.3 中的条件.

定理 6.4 设区域 $\mathbb{D}\subset\mathbb{R}^n$ 和系统 (6.4) 都包含平衡点 $\boldsymbol{x}=\boldsymbol{0}$, 并假设 $V(t,\boldsymbol{x}(t))$: $[0,+\infty)\times\mathbb{D}\to\mathbb{R}$ 满足

$$\alpha_1\|\boldsymbol{x}(t)\|^a \leqslant V(t,\boldsymbol{x}(t)) \leqslant \alpha_2\|\boldsymbol{x}(t)\|^{ab}, \tag{6.19}$$

$${}_{C}D_{0,t}^{\alpha,\lambda}V(t^+,\boldsymbol{x}(t^+)) \leqslant -\alpha_3\|\boldsymbol{x}(t)\|^{ab} \quad (\text{几乎处处成立}), \tag{6.20}$$

并且 $V(t,\boldsymbol{x}(t))$ 关于 $\boldsymbol{x}$ 满足局部 Lipschitz 条件, $V(t,\boldsymbol{x}(t))$ 是分段连续的, $\lim\limits_{\tau\to t^+}\dot{V}(\tau,\boldsymbol{x}(\tau))$ 存在且$V(t^+,\boldsymbol{x}(t^+))\triangleq\lim\limits_{\tau\to t^+}V(\tau,\boldsymbol{x}(\tau))$, 其中 $t\geqslant 0,\boldsymbol{x}\in\mathbb{D},\alpha\in(0,1),\lambda\geqslant 0,\alpha_1,\alpha_2,\alpha_3,a,b$ 都是给定的正常数. 则 $\boldsymbol{x}=\boldsymbol{0}$ 是回火 Mittag-Leffler 稳定. 如果假设在 $\mathbb{R}^n$ 全局成立, 则 $\boldsymbol{x}=\boldsymbol{0}$ 是全局回火 Mittag-Leffler 稳定.

证明: 由式 (6.19) 和式 (6.20) 得到

$${}_{C}D_{0,t}^{\alpha,\lambda}V(t^+,\boldsymbol{x}(t^+)) \leqslant -\frac{\alpha_3}{\alpha_2}V(t,\boldsymbol{x}(t)) \qquad (\text{几乎处处成立}).$$

存在一个非负函数 $M(t)$ 满足

$${}_{C}D_{0,t}^{\alpha,\lambda}V(t^+,\boldsymbol{x}(t^+))+M(t) = -\frac{\alpha_3}{\alpha_2}V(t,\boldsymbol{x}(t)) \qquad (\text{几乎处处成立}). \tag{6.21}$$

对式 (6.21) 进行 Laplace 变换得到

$$(s+\lambda)^{\alpha}V^+(s)-(s+\lambda)^{\alpha-1}V(0^+)+M(s) = -\frac{\alpha_3}{\alpha_2}V(s), \tag{6.22}$$

其中 $V(0^+)=\lim\limits_{\tau\to 0^+}V(\tau,\mathbf{x}(\tau))\geqslant 0, V^+(s)=\mathscr{L}\{V(t^+,\boldsymbol{x}(t^+))\}$.

由于函数 $V(t,\boldsymbol{x}(t))$ 的连续性和式 (6.22), 有 $V(t^+,\boldsymbol{x}(t^+))=V(t,\boldsymbol{x}(t)),V^+(s)=V(s)$，并且

$$V(s)=\frac{V(0)(s+\lambda)^{\alpha-1}-M(s)}{(s+\lambda)^{\alpha}+\dfrac{\alpha_3}{\alpha_2}}. \tag{6.23}$$

运用 Laplace 逆变换, 式 (6.23) 的唯一解为

$$V(t)=V(0)\mathrm{e}^{-\lambda t}E_{\alpha}\left(-\frac{\alpha_3}{\alpha_2}t^{\alpha}\right)-M(t)*\left[\mathrm{e}^{-\lambda t}t^{\alpha-1}E_{\alpha,\alpha}\left(-\frac{\alpha_3}{\alpha_2}t^{\alpha}\right)\right]. \tag{6.24}$$

因为 $t^{\alpha-1},\mathrm{e}^{-\lambda t}$ 和 $E_{\alpha,\alpha}\left(-\dfrac{\alpha_3}{\alpha_2}t^{\alpha}\right)$ 都是非负函数, 得到

$$V(t)\leqslant V(0)\mathrm{e}^{-\lambda t}E_{\alpha}\left(-\frac{\alpha_3}{\alpha_2}t^{\alpha}\right). \tag{6.25}$$

将式 (6.25) 代入式 (6.19) 得到

$$\|\boldsymbol{x}(t)\|\leqslant\left[\frac{V(0)}{\alpha_1}\mathrm{e}^{-\lambda t}E_{\alpha}\left(-\frac{\alpha_3}{\alpha_2}t^{\alpha}\right)\right]^{\frac{1}{a}}. \tag{6.26}$$

令 $m=\dfrac{V(0)}{\alpha_1}\geqslant 0$. 由式 (6.26) 得到

$$\|\boldsymbol{x}(t)\|\leqslant\left[m\mathrm{e}^{-\lambda t}E_{\alpha}\left(-\frac{\alpha_3}{\alpha_2}t^{\alpha}\right)\right]^{\frac{1}{a}}.$$

其中 $\boldsymbol{x}(0)=0$ 当且仅当 $\dfrac{V(0)}{\alpha_1}=0$.

由于 $V(t,\boldsymbol{x})$ 关于 $\boldsymbol{x}$ 满足局部 Lipschitz 条件，我们可以得到 $\dfrac{V(0,\boldsymbol{x}(0))}{\alpha_1}$ 对于 $\boldsymbol{x}(0)$ 满足局部 Lipschitz 条件. 这意味着系统(6.4) 是回火 Mittag-Leffler 稳定的, 从而完成了证明.

注 6.4 需要注意的是，一方面，回火 Mittag-Leffler 稳定性在回火分数复杂网络的同步分析中是必不可少的. 另一方面，回火 Mittag-Leffler 稳定性是回火分数系统的重要特征.

定义 6.5 若连续函数 $h(t):[0,t)\to[0,+\infty)$ 对 t 是严格递增的，且 $h(0)=0$,

则称 $h(t)$ 满足 K 类函数.

定理 6.5 若 $\boldsymbol{x}=\mathbf{0}$ 是非自治回火分数阶系统 (6.4) 的一个平衡点, 假设 $V(t,\boldsymbol{x}):[0,+\infty)\times\Omega\to\mathbb{R}$ 是一个连续可微函数, 对 $\boldsymbol{x}$ 满足局部 Lipschitz 条件, 并且存在 K 类函数 $\alpha_i(i=1,2,3)$ 满足不等式:

$$\alpha_1(\|\boldsymbol{x}(t)\|)\leqslant V(t,\boldsymbol{x}(t))\leqslant\alpha_2(\|\boldsymbol{x}(t)\|), \tag{6.27}$$

$$_{C}D_{0,t}^{\alpha,\lambda}V(t,\boldsymbol{x}(t))\leqslant-\alpha_3(\|\boldsymbol{x}(t)\|), \tag{6.28}$$

其中 $0<\alpha<1$, $\lambda\geqslant 0$, 则系统 (6.4) 是渐近稳定的.

证明: 由式 (6.27) 和式 (6.28), 可得不等式:

$$_{C}D_{0,t}^{\alpha,\lambda}V(t,\boldsymbol{x}(t))\leqslant-\alpha_3(\alpha_2(V(t,\boldsymbol{x}(t)))). \tag{6.29}$$

根据引理 6.2 和 $V(t,x(t))\geqslant 0$, 得到:

$$V(t,\boldsymbol{x}(t))\leqslant V(0,\boldsymbol{x}(0)).$$

接下来, 将分两种情况证明渐近稳定性.

情况1: 若存在一个 $t_1\geqslant 0$ 使得 $V(t_1,\boldsymbol{x}(t_1))=0$. 通过式 (6.28) 可知 $\boldsymbol{x}(t_1)=\mathbf{0}$. 利用平衡点的定义, 对于 $t\geqslant t_1$, 有 $\boldsymbol{x}(t)=\mathbf{0}$.

情况2: 若存在一个 $\varepsilon>0$，当 $t\geqslant 0$ 时, 有 $V(t,\boldsymbol{x})\geqslant\varepsilon$, 则

$$0<\varepsilon\leqslant V(t,\boldsymbol{x}(t))\leqslant V(0,\boldsymbol{x}(0)),\quad t\geqslant 0. \tag{6.30}$$

再利用式 (6.30), 可得

$$-\alpha_3(\alpha_2^{-1}(V(t,\boldsymbol{x}(t))))\leqslant-\alpha_3(\alpha_2^{-1}(\varepsilon))\leqslant-mV(t,\boldsymbol{x}(t)),$$

其中 $m=\dfrac{\alpha_3(\alpha_2^{-1}(\varepsilon))}{V(0,\boldsymbol{x}(0))}$. 因此

$$ {}_CD_{0,t}^{\alpha,\lambda}V(t,\boldsymbol{x}(t))\leqslant -mV(t,\boldsymbol{x}(t)). \tag{6.31}$$

对于不等式 (6.31), 必存在一个函数 $h(t)\geqslant 0$ 使得下式成立

$$ {}_CD_{0,t}^{\alpha,\lambda}V(t,\boldsymbol{x}(t))+h(t)=-mV(t,\boldsymbol{x}(t)). \tag{6.32}$$

再对式 (6.32) 进行 Laplace 变换, 可得

$$(s+\lambda)^{\alpha}V(s)-(s+\lambda)^{\alpha-1}V(0)+H(s)=-mV(s). \tag{6.33}$$

这里的 $V(s)=\mathscr{L}\{V(t,\boldsymbol{x}(t))\}$, 将式 (6.33) 改写成

$$V(s)=\frac{V(0)(s+\lambda)^{\alpha-1}-H(s)}{(s+\lambda)^{\alpha}V(s)+m}. \tag{6.34}$$

对式 (6.34) 进行 Laplace 逆变换, 可得

$$V(t,\boldsymbol{x}(t))=V(0,\boldsymbol{x}(0))\mathrm{e}^{-\lambda t}E_{\alpha}(-mt^{\alpha})-h(t)*\mathrm{e}^{-\lambda t}t^{\alpha-1}E_{\alpha,\alpha}(-mt^{\alpha}).$$

由于 $h(t)$, $\mathrm{e}^{-\lambda t}$, $t^{\alpha-1}$ 和 $E_{\alpha,\alpha}(-mt^{\alpha})$ 都是非负函数, 可得下列不等式成立:

$$h(t)\leqslant V(0,\boldsymbol{x}(0))\mathrm{e}^{-\lambda t}E_{\alpha}(-mt^{\alpha}).$$

显然，这与假设 $V(t,\boldsymbol{x}(t))\geqslant\varepsilon$ 矛盾, 故

$$\lim_{t\to\infty}\boldsymbol{x}(t)=\mathbf{0}$$

基于情况 1 和情况 2 的讨论, 可知系统 (6.4) 是渐近稳定的.

6.2 基于同步控制的两层回火分数阶网络同步准则

在本节中,提出了一种实现两层回火分数复杂网络之间的广义同步的牵制控制方法.

考虑以下由 N 个单向耦合节点组成的回火分数复杂网络,具体描述为

$$ {}_{C}D_{0,t}^{\alpha_1,\lambda_1}\boldsymbol{x}_i(t) = \boldsymbol{H}\boldsymbol{x}_i(t) + \boldsymbol{f}(\boldsymbol{x}_i(t)) + \varepsilon_1\sum_{j=1}^{N}a_{ij}\boldsymbol{P}\boldsymbol{x}_j(t), \qquad i=1,2,\cdots,N, \tag{6.35} $$

其中 $0<\alpha_1<1, \lambda_1 \geqslant 0$, 并且 $\boldsymbol{x}_i(t)=[x_{i1}(t),x_{i2}(t),\cdots,x_{in}(t)]^{\mathrm{T}}\in\mathbb{R}^n$ 是第 i 个节点的状态变量. $\boldsymbol{H}\boldsymbol{x}_i(t)$ 和 $\boldsymbol{f}(\boldsymbol{x}_i(t))=[f_1(\boldsymbol{x}_i(t)),f_2(\boldsymbol{x}_i(t)),\cdots,f_n(\boldsymbol{x}_i(t))]^{\mathrm{T}}:\mathbb{R}^n\to\mathbb{R}^n$ 分别是第 i 个节点的线性和非线性部分. ε_1 是耦合强度. $\boldsymbol{P}\in\mathbb{R}^{n\times n}$ 是正定对角内耦合矩阵,并且 $\boldsymbol{A}=(a_{ij})_{N\times N}$ 是对称耦合配置矩阵，其中 a_{ij} 定义如下：如果节点 j 到节点 $i(i\neq j)$ 存在连接，则 $a_{ij}=1$; 否则，$a_{ij}=0$. 矩阵 $\boldsymbol{A}$ 的对角元定义为 $a_{ii}=-\sum\limits_{j=1,j\neq i}^{N}a_{ij}, i=1,2,\cdots,N$.

方程 (6.35) 称为驱动网络，N 耦合节点的响应网络选择如下

$$ {}_{C}D_{0,t}^{\alpha_2,\lambda_2}\boldsymbol{y}_i(t) = \boldsymbol{M}\boldsymbol{y}_i(t) + \boldsymbol{g}(\boldsymbol{y}_i(t)) + \varepsilon_2\sum_{j=1}^{N}b_{ij}\boldsymbol{Q}\boldsymbol{y}_j(t), \qquad i=1,2,\cdots,N, \tag{6.36} $$

其中 $\boldsymbol{y}_i(t)=(y_{i1}(t),y_{i2}(t),\cdots,y_{in}(t))^{\mathrm{T}}\in\mathbb{R}^n$ 是状态向量. $\boldsymbol{M}\boldsymbol{y}_i(t)$ 和 $\boldsymbol{g}(\boldsymbol{y}_i(t))$ 分别是孤立的第 i 个节点的线性和非线性部分. ε_2 是耦合强度. $\boldsymbol{Q}$ 和 $\boldsymbol{B}=(b_{ij})_{N\times N}$ 分别与网络 (6.35) 中的 $\boldsymbol{P}$ 和 $\boldsymbol{A}$ 含义相同.

不失一般性,选择前 l 个节点作为复杂网络 (6.36) 中的牵制节点. 因此,带有牵制控制器 $\boldsymbol{u}_i(\boldsymbol{x}_i,\boldsymbol{y}_i), i=1,2,\cdots,l$, 的响应网络描述如下

$$ \begin{cases} {}_{C}D_{0,t}^{\alpha_2,\lambda_2}\boldsymbol{y}_i(t) = \boldsymbol{M}\boldsymbol{y}_i(t) + \boldsymbol{g}(\boldsymbol{y}_i(t)) + \varepsilon_2\sum\limits_{j=1}^{N}b_{ij}\boldsymbol{Q}\boldsymbol{y}_j(t) + \boldsymbol{u}_i(\boldsymbol{x}_i,\boldsymbol{y}_i), & i=1,2,\cdots,l, \\ {}_{C}D_{0,t}^{\alpha_2,\lambda_2}\boldsymbol{y}_i(t) = \boldsymbol{M}\boldsymbol{y}_i(t) + \boldsymbol{g}(\boldsymbol{y}_i(t)) + \varepsilon_2\sum\limits_{j=1}^{N}b_{ij}\boldsymbol{Q}\boldsymbol{y}_j(t), & i=l+1,l+2,\cdots,N. \end{cases} \tag{6.37} $$

驱动网络 (6.36) 的输出信号作为响应网络 (6.37) 的输入，因此后者将与前者一致共存.

为了实现驱动网络 (6.36) 和响应网络 (6.37) 之间的广义同步，构造如下的辅助网络：

$$\begin{cases} {}_CD_{0,t}^{\alpha_2,\lambda_2}\boldsymbol{z}_i(t) = \boldsymbol{M}\boldsymbol{z}_i(t) + \boldsymbol{g}(\boldsymbol{z}_i(t)) + \varepsilon_2\sum_{j=1}^{N} b_{ij}\boldsymbol{Q}\boldsymbol{z}_j(t) + \boldsymbol{u}_i(\boldsymbol{x}_i,\boldsymbol{z}_i), & i = 1,2,\cdots,l, \\ {}_CD_{0,t}^{\alpha_2,\lambda_2}\boldsymbol{z}_i(t) = \boldsymbol{M}\boldsymbol{z}_i(t) + \boldsymbol{g}(\boldsymbol{z}_i(t)) + \varepsilon_2\sum_{j=1}^{N} b_{ij}\boldsymbol{Q}\boldsymbol{z}_j(t), & i = l+1,l+2,\cdots,N. \end{cases} \tag{6.38}$$

其中 $\boldsymbol{z}_i$ 是第 i 个节点的状态向量, $\boldsymbol{u}_i(\boldsymbol{x}_i,\boldsymbol{z}_i)(i=1,2,\cdots,l)$ 是与 $\boldsymbol{u}_i(\boldsymbol{x}_i,\boldsymbol{y}_i)$ 相同形式的控制器.

根据辅助系统方法, 如果响应网络 (6.37) 和辅助网络 (6.38) 达到完全外部同步，则驱动网络 (6.35) 和响应网络 (6.37) 实现了广义同步. 若对于任何初始条件 $\boldsymbol{y}_i(0) \neq \boldsymbol{z}_i(0)(i=1,2,\cdots,N)$ 有 $\lim\limits_{t\to\infty}\|\boldsymbol{y}_i(t)-\boldsymbol{z}_i(t)\| = 0$, 则称两层回火分数阶网络 (6.35) 和网络 (6.37) 实现了广义同步.

假设非线性函数 $\boldsymbol{g}(\boldsymbol{x}(t))$ 满足 Lipschitz 条件，即存在一个非负常数 L, 使得

$$\|\boldsymbol{g}(\boldsymbol{x}(t)) - \boldsymbol{g}(\boldsymbol{y}(t))\| \leqslant L\|\boldsymbol{x}(t)-\boldsymbol{y}(t)\| \tag{6.39}$$

对于任意的向量 $\boldsymbol{x}(t), \boldsymbol{y}(t) \in \mathbb{R}^n$ 带有范数 $\|\boldsymbol{x}\| = \sqrt{\boldsymbol{x}^{\mathrm{T}}\boldsymbol{x}}$.

令 $\boldsymbol{e}_i(t) = \boldsymbol{z}_i(t) - \boldsymbol{y}_i(t)(i=1,2,\cdots,N)$, 则网络 (6.37) 和网络 (6.38) 之间的误差动态网络描述为

$$\begin{cases} {}_CD_{0,t}^{\alpha_2,\lambda_2}\boldsymbol{e}_i(t) = \boldsymbol{M}\boldsymbol{e}_i(t) + \boldsymbol{g}(\boldsymbol{z}_i) - \boldsymbol{g}(\boldsymbol{y}_i) + \varepsilon_2\sum_{j=1}^{N} b_{ij}\boldsymbol{Q}\boldsymbol{e}_j(t) + \boldsymbol{u}_i(\boldsymbol{x}_i,\boldsymbol{z}_i) - \boldsymbol{u}_i(\boldsymbol{x}_i,\boldsymbol{y}_i), \\ \qquad\qquad i = 1,2,\cdots,l, \\ {}_CD_{0,t}^{\alpha_2,\lambda_2}\boldsymbol{e}_i(t) = \boldsymbol{M}\boldsymbol{e}_i(t) + \boldsymbol{g}(\boldsymbol{z}_i) - \boldsymbol{g}(\boldsymbol{y}_i) + \varepsilon_2\sum_{j=1}^{N} b_{ij}\boldsymbol{Q}\boldsymbol{e}_j(t), \quad i = l+1,l+2,\cdots,N. \end{cases} \tag{6.40}$$

定理 6.6 设计如下的牵制控制器:

$$u_i(x_i,z_i) = -k_i(z_i - x_i), \qquad i=1,2,\cdots,l, \tag{6.41}$$

$$u_i(x_i,y_i) = -k_i(y_i - x_i), \qquad i=1,2,\cdots,l. \tag{6.42}$$

令 $q=\|Q\|$, $K=\mathrm{diag}(k_1,k_2,\cdots,k_l,\underbrace{0,\cdots,0}_{N-l})$, I_N 是一个 $N\times N$ 单位矩阵, $\tilde{B}$ 是将 B 中的对角元 b_{ii} 用 $\rho_{min}b_{ii}/q$ 代替得到的修改矩阵, 且 $k=\min\limits_{1\leqslant i\leqslant l}\{k_i\}$. 进一步, 如果满足 Lipschitz 条件 (6.39) 和

$$(L+\lambda_M)I_N+\varepsilon_2 q\tilde{B}-K<0, \tag{6.43}$$

则驱动网络 (6.35) 和响应网络 (6.37) 可以达到广义同步.

特别地, 对于合适的 k, 如果存在一个自然数 $1\leqslant l<N$ 使得 $\tilde{B}$ 的最大特征值满足 $L+\lambda_M+\varepsilon_2 q\lambda_{\max}(\tilde{B}_{l+1})<0$, 则在牵制控制器 (6.41) 和控制器 (6.42) 的作用下, 回火分数阶响应网络 (6.37) 渐近同步到驱动网络 (6.35).

证明: 根据控制器 (6.41) 和控制器 (6.42), 误差网络 (6.40) 可以改写为

$$\begin{cases} {}_CD_{0,t}^{\alpha_2,\lambda_2}e_i(t)=Me_i(t)+g(z_i)-g(y_i)+\varepsilon_2\sum\limits_{j=1}^{N}b_{ij}Qe_j(t)-k_i(z_i-y_i),\ i=1,2,\cdots,l, \\ {}_CD_{0,t}^{\alpha_2,\lambda_2}e_i(t)=Me_i(t)+g(z_i)-g(y_i)+\varepsilon_2\sum\limits_{j=1}^{N}b_{ij}Qe_j(t),\ i=l+1,l+2,\cdots,N. \end{cases} \tag{6.44}$$

考虑 Lyapunov 函数

$$V(t)=\frac{1}{2}\sum_{i=1}^{N}e_i^{\mathrm{T}}(t)e_i(t). \tag{6.45}$$

根据定理 6.2, 沿网络 (6.44) 的轨迹求回火分数阶导数可得

$$\begin{aligned} {}_CD_{0,t}^{\alpha_2,\lambda_2}V(t) &\leqslant \sum_{i=1}^{N}e_i^{\mathrm{T}}(t)\,{}_CD_{0,t}^{\alpha_2,\lambda_2}e_i(t) \\ &\leqslant \sum_{i=1}^{N}e_i^{\mathrm{T}}(t)Me_i(t)+\sum_{i=1}^{N}e_i^{\mathrm{T}}(t)[g(z_i)-g(y_i)] \end{aligned}$$

$$
\begin{aligned}
&+\varepsilon_2\sum_{i=1}^{N}\sum_{j=1}^{N}b_{ij}\boldsymbol{e}_i^{\mathrm{T}}(t)\boldsymbol{Q}\boldsymbol{e}_j(t)-\sum_{i=1}^{l}k_i\boldsymbol{e}_i^{\mathrm{T}}(t)\boldsymbol{e}_i(t)\\
\leqslant&\sum_{i=1}^{N}\boldsymbol{e}_i^{\mathrm{T}}(t)\left(\frac{\boldsymbol{M}+\boldsymbol{M}^{\mathrm{T}}}{2}\right)\boldsymbol{e}_i(t)+L\sum_{i=1}^{N}\boldsymbol{e}_i^{\mathrm{T}}(t)\boldsymbol{e}_i(t)+\varepsilon_2\sum_{i=1}^{N}\sum_{j=1,j\neq i}^{N}b_{ij}\boldsymbol{e}_i^{\mathrm{T}}(t)\boldsymbol{Q}\boldsymbol{e}_j(t)\\
&+\varepsilon_2\sum_{i=1}^{N}b_{ii}\boldsymbol{e}_i^{\mathrm{T}}(t)\left(\frac{\boldsymbol{Q}+\boldsymbol{Q}^{\mathrm{T}}}{2}\right)\boldsymbol{e}_i(t)-\sum_{i=1}^{l}k_i\boldsymbol{e}_i^{\mathrm{T}}(t)\boldsymbol{e}_i(t)\\
\leqslant&(L+\lambda_M)\sum_{i=1}^{N}\boldsymbol{e}_i^{\mathrm{T}}(t)\boldsymbol{e}_i(t)-\sum_{i=1}^{l}k_i\boldsymbol{e}_i^{\mathrm{T}}(t)\boldsymbol{e}_i(t)+\varepsilon_2 q\sum_{i=1}^{N}\sum_{j=1,j\neq i}^{N}b_{ij}\|\boldsymbol{e}_i(t)\|\cdot\|\boldsymbol{e}_j(t)\|\\
\leqslant&\varepsilon_2\rho_{\min}\sum_{i=1}^{N}b_{ii}\boldsymbol{e}_i^{\mathrm{T}}(t)\boldsymbol{e}_i(t)\\
=&\boldsymbol{e}^{\mathrm{T}}[(L+\lambda_M)\boldsymbol{I}_N+\varepsilon_2 q\tilde{\boldsymbol{B}}-\boldsymbol{K}]\boldsymbol{e},
\end{aligned}
\tag{6.46}
$$

其中 $\lambda_{\boldsymbol{M}}$ 是矩阵 $\dfrac{\boldsymbol{M}+\boldsymbol{M}^{\mathrm{T}}}{2}$ 的最大特征值, $\rho_{\min}$ 是矩阵 $\dfrac{\boldsymbol{Q}+\boldsymbol{Q}^{\mathrm{T}}}{2}$ 的最小特征值, 并且 $\boldsymbol{e}=(\|e_1\|,\|e_2\|,\cdots,\|e_N\|)^{\mathrm{T}}$.

如果条件 $\boldsymbol{H}=(L+\lambda_M)\boldsymbol{I}_N+\varepsilon_2 q\tilde{\boldsymbol{B}}-\boldsymbol{K}<0$ 成立, 则 $\eta=-\lambda_{\max}(\boldsymbol{H})>0$ 及

$$
{}_CD_{0,t}^{\alpha_2,\lambda_2}V(t)\leqslant-\eta\boldsymbol{e}^{\mathrm{T}}\boldsymbol{e}=-\eta V(t).
\tag{6.47}
$$

根据定理 6.3 得到

$$
V(t,x(t))\leqslant V(0,\boldsymbol{x}(0))\mathrm{e}^{-\lambda_2 t}E_{\alpha_2}(-\eta t^{\alpha_2}),
$$

即 $\|\boldsymbol{e}_i(t)\|\to0$ $(i=1,2,\cdots,N)$ 当 $t\to\infty$ 时, 这意味着驱动网络 (6.35) 和响应网络 (6.37) 实现了广义同步.

特别地，令 $k=min_{1\leqslant i\leqslant l}\{k_i\}$ 和 $\tilde{\boldsymbol{B}}_{l+1}$ 是删除 $\tilde{\boldsymbol{B}}$ 前 l 行 — 列对得到的简化矩阵. 根据引理 6.1，对于合适的 k，$\boldsymbol{H}<0$ 等价于 $(L+\lambda_M)\boldsymbol{I}_{N-l}+cq\tilde{\boldsymbol{B}}_{l+1}<0$. 由于 $\boldsymbol{H}_{l+1}=(L+\lambda_M)\boldsymbol{I}_{N-l}+\varepsilon_2 q\tilde{\boldsymbol{B}}_{l+1}$ 是实对称矩阵, $\boldsymbol{H}_{l+1}$ 的最大特征值 $\lambda_{\max}(\boldsymbol{H}_{l+1})$ 是实数并且 $\lambda_{\max}(\boldsymbol{H}_{l+1})=(L+\lambda_M)+\varepsilon_2 q\lambda_{\max}(\tilde{\boldsymbol{B}}_{l+1})$. 因此, 如果存在一个正常数 $1\leqslant l\leqslant N$ 使得 $L+\lambda_M+\varepsilon_2 q\lambda_{\max}(\tilde{\boldsymbol{B}}_{l+1})<0$, 有 $(L+\lambda_M)\boldsymbol{I}_{N-l}+\varepsilon_2 q\tilde{\boldsymbol{B}}_{l+1}<0$. 因此, $\boldsymbol{H}<0$, 结论得到证明.

注 6.5 在定理 6.6 中，当 $\lambda=0$ 时结论也成立，即可以通过牵制控制实现分数阶复杂网络的广义同步.

6.3 数值模拟

在本节中，基于回火分数阶系统的预估 — 校正算法，利用数值例子说明所提出方法的有效性.

6.3.1 回火分数阶微分方程的预估 — 校正算法

回火分数系统的数值计算不像常微分方程那样简单. 在这里，我们使用广义 Adams-Bashforth-Moulton 法[84]. 下面简单介绍一下这个算法.

考虑微分方程

$$
{}_C D_{0,t}^{\alpha,\lambda} x(t)=f(t,x(t)), \quad 0<t<T, \tag{6.48}
$$

带有初始条件

$$
\frac{\mathrm{d}^k}{\mathrm{d}t^k}(\mathrm{e}^{\lambda t}x(t))|_{t=0}=c_k, \quad k=0,1,\cdots,\lceil\alpha\rceil-1, \tag{6.49}
$$

其中 $n-1\leqslant\alpha<n, n\in\mathbb{N}^+, \lambda>0$, c_k 是任意实数.

回火分数方程 (6.48)、方程 (6.49) 等价于以下的 Volterra 积分方程

$$
x(t)=x_0(t)+\frac{1}{\Gamma(\alpha)}\int_0^t \mathrm{e}^{-\lambda(t-\tau)}(t-\tau)^{\alpha-1}f(\tau,x(\tau))\mathrm{d}\tau, \tag{6.50}
$$

其中 $x_0(t)=\sum\limits_{k=0}^{\lceil\alpha\rceil-1}c_k\dfrac{\mathrm{e}^{-\lambda t}t^k}{k!}$.

对于一致节点 $t_{n+1}=(n+1)h(n=0,1,\cdots,N)$，其中 $h=\dfrac{T}{N}$ 是步长. 然后给出方程 (6.50) 的校正公式 $x_{n+1}\approx x(t_{n+1})$ 为

$$x_{n+1}=\begin{cases}x_0(t_1)+\dfrac{h^\alpha}{\Gamma(\alpha+2)}[f(t_1,x_1^P)+\alpha \mathrm{e}^{-\lambda h}f(0,x_0)], & 若\ n=0,\\ x_0(t_{n+1})+\dfrac{h^\alpha}{\Gamma(\alpha+2)}\left[\sum\limits_{i=0}^{n}a_{i,n+1}f(t_i,x_i)+f(t_{n+1},x_{n+1}^P)\right], & 若\ n\geqslant 1.\end{cases}\tag{6.51}$$

预估值 x_{n+1}^P 由下式确定

$$x_{n+1}^P=\begin{cases}x_0(t_1)+\dfrac{h^\alpha}{\Gamma(\alpha+1)}\mathrm{e}^{-\lambda h}f(0,x_0), & 若\ n=0,\\ x_0(t_{n+1})+\dfrac{h^\alpha}{\Gamma(\alpha+2)}\left[\sum\limits_{i=0}^{n-1}a_{i,n+1}f(t_i,x_i)+\mathrm{e}^{-\lambda h}(2^{\alpha+1}-1)\cdot f(t_n,x_n)\right], & 若\ n\geqslant 1,\end{cases}\tag{6.52}$$

其中

$$a_{i,n+1}=\begin{cases}\mathrm{e}^{-\lambda(n+1)h}\left[n^{\alpha+1}-(n+1)^\alpha(n-\alpha)\right], & 若\ i=0,\\ \mathrm{e}^{-\lambda(n+1-i)h}\left[(n-i)^{\alpha+1}-2(n+1-i)^{\alpha+1}+(n+2-i)^{\alpha+1}\right], & 若\ 1\leqslant i\leqslant n.\end{cases}\tag{6.53}$$

这种近似的误差是

$$\max_{0\leqslant n\leqslant N}|x(t_n)-x_n|=\begin{cases}O(h^2), & 若\ \alpha\geqslant 0.5,\\ O(h^{1+2\alpha}), & 若\ 0<\alpha<0.5.\end{cases}\tag{6.54}$$

运用上述方法可以确定回火分数系统的数值解.

6.3.2 数值模拟

在这一小节，我们用一个例子说明牵制控制对两层回火分数阶复杂网络实现广义同步的有效性.

下面，我们推广了一个整数阶混沌，得到了一个新的回火分数阶混沌系统[85]. 将这个系统作为驱动网络的节点动力学系统，具体如下：

$$
\begin{cases}
{}_C D_{0,t}^{\alpha_1,\lambda_1} x_{i1} = -x_{i2}x_{i3} + a_1 x_{i1}, \\
{}_C D_{0,t}^{\alpha_1,\lambda_1} x_{i2} = x_{i1}x_{i3} - b_1 x_{i2}, \\
{}_C D_{0,t}^{\alpha_1,\lambda_1} x_{i3} = (1/3)x_{i1}x_{i2} - c_1 x_{i3},
\end{cases}
\tag{6.55}
$$

其中 $i = 1,2,\cdots,10, \alpha_1 = 0.99, a_1 = 5, b_1 = 10,$ 和 $c_1 = 3.8$. 图 6.2 给出了不同回火参数 λ，回火分数阶混沌系统 (6.55) 的吸引子图.

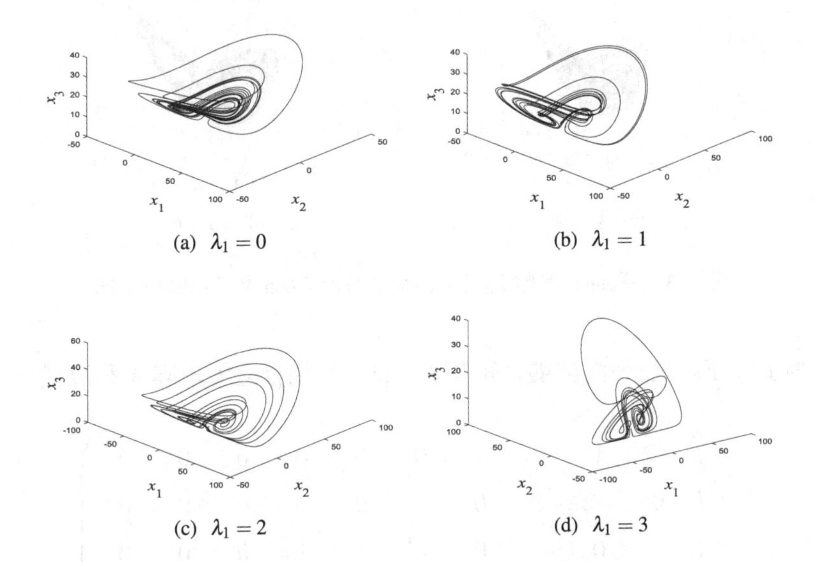

(a) $\lambda_1 = 0$ (b) $\lambda_1 = 1$ (c) $\lambda_1 = 2$ (d) $\lambda_1 = 3$

图 6.2 不同回火参数 λ_1 下，新回火分数阶混沌系统的吸引子图

在响应网络层 (6.36), 回火的分数阶 Chen 系统被选择为节点动力学

$$
\begin{cases}
{}_C D_{0,t}^{\alpha_2,\lambda_2} y_{i1} = a_2(y_{i2} - y_{i1}), \\
{}_C D_{0,t}^{\alpha_2,\lambda_2} y_{i2} = (c_2 - a_2)y_{i1} - y_{i1}y_{i3} + c_2 y_{i2}, \\
{}_C D_{0,t}^{\alpha_2,\lambda_2} y_{i3} = y_{i1}y_{i2} - b_2 y_{i3},
\end{cases}
\tag{6.56}
$$

其中 $i = 1,2,\cdots,10, \alpha_2 = 0.995,\ a_2 = 35, b_2 = 3,$ 和 $c_2 = 28$. 图 6.3 给出了分数阶 Chen 系统的混沌吸引子. 从图 6.2 和图 6.3 中可以看出，回火分数阶系统与相应

的分数阶系统相比有着更加丰富的动力学行为. 此外，辅助网络层 (6.38) 中每个节点的动力学和响应网络层是一样的.

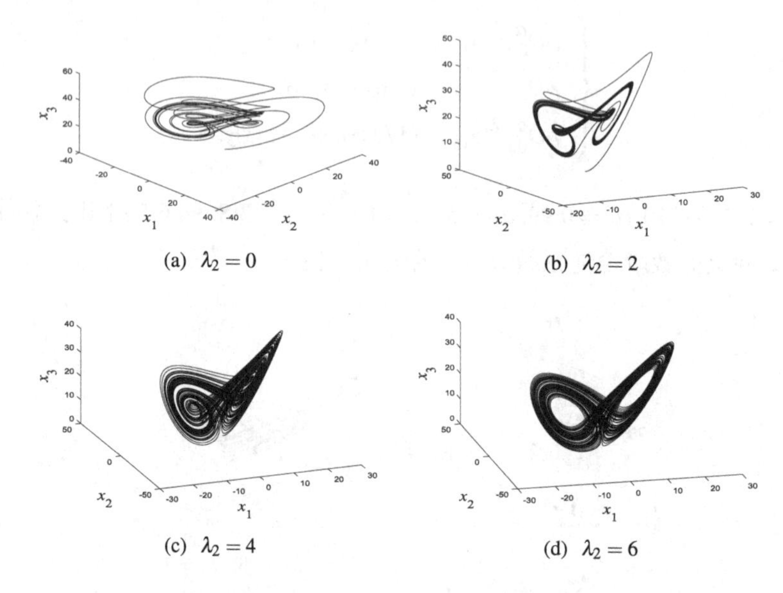

(a) $\lambda_2 = 0$　(b) $\lambda_2 = 2$　(c) $\lambda_2 = 4$　(d) $\lambda_2 = 6$

图 6.3 不同回火参数 λ_2 下，回火分数阶 Chen 系统的吸引子图

为了方便起见, 令内部耦合矩阵 $\boldsymbol{P} = \boldsymbol{Q} = \boldsymbol{I}$. 耦合配置矩阵 $\boldsymbol{A}$ 和 $\boldsymbol{B}$ 给定为

$$\boldsymbol{A} = \boldsymbol{B} = \begin{pmatrix} -2 & 1 & 0 & 1 & 0 & 0 & 0 & 0 & 0 & 0 \\ 0 & -2 & 1 & 0 & 1 & 0 & 0 & 0 & 0 & 0 \\ 1 & 0 & -3 & 0 & 0 & 1 & 1 & 0 & 0 & 0 \\ 0 & 0 & 1 & -1 & 0 & 0 & 0 & 0 & 0 & 0 \\ 0 & 1 & 0 & 1 & -3 & 0 & 0 & 0 & 1 & 0 \\ 0 & 0 & 1 & 0 & 1 & -2 & 0 & 0 & 0 & 0 \\ 0 & 0 & 0 & 0 & 0 & 1 & -3 & 1 & 0 & 1 \\ 0 & 1 & 0 & 1 & 0 & 0 & 0 & -3 & 1 & 0 \\ 1 & 0 & 1 & 0 & 0 & 0 & 1 & 0 & -4 & 1 \\ 0 & 0 & 1 & 1 & 0 & 0 & 0 & 0 & 0 & -2 \end{pmatrix}.$$

在上述参数下，分数阶 Chen 系统是有界的. 实际上，$\|y_{i1}\| \leqslant 60, \|y_{i2}\| \leqslant 40, \|y_{i3}\| \leqslant 40, \|z_{i1}\| \leqslant 60, \|z_{i2}\| \leqslant 40, \|z_{i3}\| \leqslant 40, i = 1,2,\cdots,10$, 和

$$\begin{aligned}&\|\boldsymbol{f}(\boldsymbol{x}_i)-\boldsymbol{f}(\boldsymbol{y}_i)\|\\ \leqslant&\sqrt{(-y_{i1}y_{i3}+z_{i1}z_{i3})^2+(y_{i1}y_{i2}-z_{i1}z_{i2})^2}\leqslant 84.85\|\boldsymbol{e}_i\|,\end{aligned}$$

即 $L = 84.85$. 节点 2、3 和 4 的出度大于它的入度，因此选择这几个节点为牵制节点[83]. 重新对节点进行排序，新的节点次序为 4, 3, 2, 1, 6, 10, 5, 7, 8, 9.

令 $k_i = 120, \varepsilon_1 = 0.45$, 和 $\varepsilon_2 = 5$, 我们可以得到 $\lambda_{\max}((L+\lambda_M)\boldsymbol{I}_N + \varepsilon_2 q\tilde{\boldsymbol{B}} - \boldsymbol{K}) = -26.2501 < 0$. 从定理 6.6 可知, 驱动网络 (6.35) 和响应网络 (6.37) 可以实现广义同步. 图 6.4 中给出了误差 e_{i1}, e_{i2}, e_{i3} $(i = 1,2,\cdots,10)$ 的时间演化，这表明两个网络实现了广义同步.

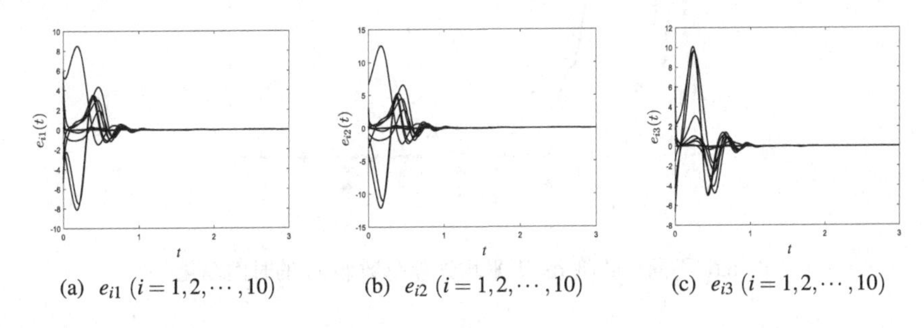

(a) e_{i1} $(i=1,2,\cdots,10)$ (b) e_{i2} $(i=1,2,\cdots,10)$ (c) e_{i3} $(i=1,2,\cdots,10)$

图 6.4 当 $\lambda_1 = 1, \lambda_2 = 2$ 时，误差状态 e_{i1}, e_{i2} 和 e_{i3} 的时间演化

回火参数 λ 对非线性动力系统的混沌行为有着直接的影响. 为了方便起见，定义平均误差范数为

$$\|\boldsymbol{e}\|_a = \frac{1}{N}\sum_{i=1}^{N}\|\boldsymbol{e}_i\| = \frac{1}{N}\sum_{i=1}^{N}\|\boldsymbol{y}_i - \boldsymbol{z}_i\|. \tag{6.57}$$

除了 λ_2，其余的参数取成和上面一样. 当 $\alpha_2 = 0.995$，取不同的回火参数 λ_2，图 6.5 显示了回火分数阶复杂网络同步被实现. 进一步，图 6.6 显示在 $\lambda_2 = 2$ 和不同的分数阶 α_2 情形下回火分数阶复杂网络实现了同步. 这些图都可以看出分数阶复杂网络 (6.35) 和网络 (6.37) 可以实现同步，我们所提出的方法是有效的和鲁棒的.

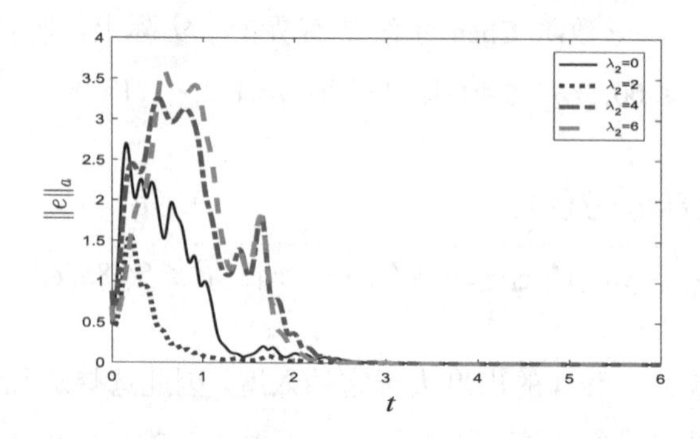

图 6.5 不同回火参数 λ_2 下，平均误差范数 $\|e\|_a$ 的时间演化

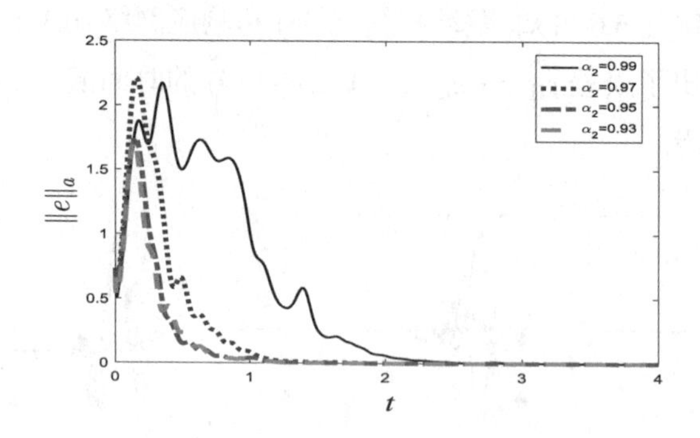

图 6.6 不同分数阶 α_2 下平均误差范数 $\|e\|_a$ 的时间演化

6.4 小结

在这一章中，回火分数阶导数被引入混沌系统和复杂网络. 由于添加了回火参数，回火分数阶复杂网络的同步可能在安全通信和控制过程中更加有用. 牵制控制格式和辅助系统方法被用于实现回火分数阶复杂网络的广义同步. 回火分数阶导数和回火分数阶系统的性质被讨论. 基于所提出的理论，广义同步标准被建立. 数值结果表明所提出的方法是有效的.

第7章　Hadamard 型分数阶复杂网络及其同步

在过去的 20 多年，分数阶微积分可以精确刻画自然和社会中的非经典现象[70,86]. 分数阶微分方程可以描述物质和过程中的记忆、遗传、非局部性，比相应的整数阶模型更精确，例如黏弹性系统、信号处理、电化学、生物学、生物物理学等. 为了表征这些特征之间的差异，许多不同类型的分数阶微积分被提出，如 Riemann-Liouville, Caputo 和 Hadamard [9,87–89].

大量的论文和书籍给出了经典的分数阶微积分 (Riemann-Liouville 和 Caputo) 研究结果，但是 Hadamard 和 Caputo-Hadmard 分数阶导数也值得深入研究. Hadamard 型分数阶微积分和经典分数阶微积分有着很大的不同[89]：前者的核函数是对数形式 $\left(\log\dfrac{t}{t_0}\right)^{\alpha-1}$，但后者是幂律形式 $(t-s)^{\alpha-1}$; 前者是 $\left(t\dfrac{\mathrm{d}}{\mathrm{d}t}\right)^n$ 的推广，后者是经典导数 $\left(\dfrac{\mathrm{d}}{\mathrm{d}t}\right)^n$ 的推广. Hadamard 分数阶微分方程的解是对数 $\left(\log\dfrac{t}{t_0}\right)^{-\alpha}$ 衰减，但是经典分数阶微分方程的解是幂律 $t^{-\alpha}$ 衰减[90]. 此外，Hadamard 型微积分在实际力学问题和工程上的裂纹、断裂等问题的分析和火成岩蠕变等中也有广泛的应用[91–93].

本章中，主要讨论 Hadamard 型分数阶微积分的一些性质，将 Caputo-Hadamard 分数阶导数引入复杂网络，讨论同步问题. 最后，通过数值实验验证所提出的方法在同步控制中的有效性. 这一章的主要内容由作者和代常平共同完成.

7.1　Hadamard 型分数阶微积分的定义和性质

定义 7.1 [70] 函数 $f(t)$ 的 Hadamard 积分定义为

$$
{}_HD_{t_0,t}^{-\alpha}f(t)=\frac{1}{\Gamma(\alpha)}\int_{t_0}^{t}\left(\log\frac{t}{s}\right)^{\alpha-1}f(s)\frac{\mathrm{d}s}{s},
$$

其中 $t>t_0>0$ 且 $\alpha>0$.

定义 7.2 [70] 函数 $f(t):[t_0,+\infty)\to\mathbb{R}$ 的 Hadamard 导数定义为

$$
{}_HD_{t_0,t}^{\alpha}f(t)=\frac{1}{\Gamma(n-\alpha)}\delta^n\int_{t_0}^{t}\left(\log\frac{t}{s}\right)^{n-\alpha-1}f(s)\frac{\mathrm{d}s}{s},
$$

其中 $t_0>0,\delta=t\dfrac{\mathrm{d}}{\mathrm{d}t}$, 且 $n-1<\alpha<n\in\mathbb{Z}^+$.

定义 7.3 [70] 函数 $f(t):[t_0,+\infty)\to\mathbb{R}$ 的 Caputo-Hadamard 导数定义为

$$
{}_{CH}D_{t_0,t}^{\alpha}f(t)=\frac{1}{\Gamma(n-\alpha)}\int_{t_0}^{t}\left(\log\frac{t}{s}\right)^{n-\alpha-1}\left(s\frac{\mathrm{d}}{\mathrm{d}s}\right)^{n}f(s)\frac{\mathrm{d}s}{s},
$$

其中 $t_0>0$, 且 $n-1<\alpha<n\in\mathbb{Z}^+$.

显然 ${}_{CH}D_{t_0,t}^{\alpha}C=0,\forall C\in\mathbb{R}$.

引理 7.1 [94,95] 令 $\alpha,\beta\in(0,1)$, 且 $t_0>0$. 下列的关系式成立:

(i) $${}_{CH}D_{t_0,t}^{\alpha}f(t)={}_{H}D_{t_0,t}^{\alpha}f(t)-\frac{f(t_0)}{\Gamma(1-\alpha)}\left(\log\frac{t}{t_0}\right)^{-\alpha}; \tag{7.1}$$

(ii) $${}_{H}D_{t_0,t}^{-\alpha}({}_{H}D_{t_0,t}^{-\beta}f(t))={}_{H}D_{t_0,t}^{-(\alpha+\beta)}f(t); \tag{7.2}$$

(iii) $${}_{H}D_{t_0,t}^{-\alpha}({}_{CH}D_{t_0,t}^{\alpha}f(t))=f(t)-f(t_0). \tag{7.3}$$

引理 7.2 [96] 若 $\pounds_m$ 是修正的 Laplace 变换, 则如下的关系式成立:

(i) $$\pounds_m\{{}_{H}D_{t_0^+}^{-\alpha}f(t)\}=s^{-\alpha}\pounds_m\{f(t)\}; \tag{7.4}$$

(ii) $$\pounds_m\{{}_{H}D_{t_0,t}^{\alpha}f(t)\}=s^{\alpha}\pounds_m\{f(t)\}-\sum_{k=0}^{n-1}s^{n-k-1}\left[\delta^{k}\,{}_{H}D_{t_0,t}^{-(n-\alpha)}f(t)\right]\Big|_{t=t_0}; \tag{7.5}$$

(iii) $$\pounds_m\{{}_{CH}D_{t_0,t}^{\alpha}f(t)\}=s^{\alpha}\pounds_m\{f(t)\}-\sum_{k=0}^{n-1}s^{\alpha-k-1}\delta^{k}f(t_0), \tag{7.6}$$

其中 $n-1<\alpha<n\in\mathbb{Z}^+$ 且 $t_0>0$.

引理 7.3 [96] Mittag-Leffler 函数的修正 Laplace 变换是

$$
\pounds_m\left\{\left(\log\frac{t}{t_0}\right)^{\alpha k+\beta-1}E_{\alpha,\beta}^{(k)}\left(\pm\eta\left(\log\frac{t}{t_0}\right)^{\alpha}\right)\right\}=\frac{k!s^{\alpha-\beta}}{(s^{\alpha}\mp\eta)^{k+1}},
$$

其中 $Re(s)>|\eta|^{\frac{1}{\alpha}},\alpha>0,\beta>0,z\in\mathbb{C}$, 且 $E_{\alpha,\beta}^{(k)}(y)=:\dfrac{\mathrm{d}^k}{\mathrm{d}y^k}E_{\alpha,\beta}(y)$.

引理 7.4 [96] 假设 $\pounds_m\{\varphi(t)\}=\tilde{\varphi}(s)$ 且 $\pounds_m\{\psi(t)\}=\tilde{\psi}(s)$, 则

$$\pounds_m\{\varphi(t)*\psi(t)\}=\pounds_m\{\varphi(t)\}\pounds_m\{\psi(t)\}=\tilde{\varphi}(s)\tilde{\psi}(s),$$

且

$$\pounds_m^{-1}\{\tilde{\varphi}(s)\tilde{\psi}(s)\}=\varphi(t)*\psi(t),$$

其中 $\pounds_m^{-1}$ 是逆修正的 Laplace 变换, 以及卷积 $*$ 被定义为

$$\varphi(t)*\psi(t)=\int_{t_0}^{t}\varphi\left(t_0\frac{t}{\tau}\right)\psi(\tau)\frac{\mathrm{d}\tau}{\tau}. \tag{7.7}$$

引理 7.5 [91] 令 $f(t,\varphi(t))$ 对 $\varphi(t)$ 是局部 Lipschitz 连续的且 $t>t_0$. 假设 $\varphi(t)$ 且 $\psi(t)$ 是连续函数分别满足 Caputo-Hadamard 分数阶方程 ${}_{CH}D_{t_0,t}^{\alpha}\varphi(t)=f(t,\varphi(t))$ 和 ${}_{CH}D_{t_0,t}^{\alpha}\psi(t)\leqslant f(t,\psi(t))$, $\alpha\in(0,1)$. 如果 $\psi(t_0)\leqslant\varphi(t_0)$, 则 $\psi(t)\leqslant\varphi(t)$.

定理 7.1 令 $x(t)\in\mathbb{R},\alpha\in(0,1),\boldsymbol{X}(t)\in\mathbb{R}^n$, 且 $\boldsymbol{M}\in\mathbb{R}^{n\times n}$ 是正定矩阵. 则下列的不等式成立:

$$\text{(i)}\ {}_{CH}D_{t_0,t}^{\alpha}x^{2m}(t)\leqslant 2x^m(t)\,{}_{CH}D_{t_0,t}^{\alpha}x^m(t); \tag{7.8}$$

$$\text{(ii)}\ {}_{CH}D_{t_0,t}^{\alpha}x^{\frac{2m}{n}}(t)\leqslant\frac{2m}{2m-n}x(t)\,{}_{CH}D_{t_0,t}^{\alpha}x^{\frac{2m}{n}-1}(t); \tag{7.9}$$

$$\text{(iii)}\ {}_{CH}D_{t_0,t}^{\alpha}x^{\frac{2m}{n}}(t)\leqslant\frac{2m}{n}x^{\frac{2m}{n}-1}(t)\,{}_{CH}D_{t_0,t}^{\alpha}x(t); \tag{7.10}$$

$$\text{(iv)}\ {}_{CH}D_{t_0,t}^{\alpha}x^{2^m}(t)\leqslant 2^m x^{2^m-1}(t)\,{}_{CH}D_{t_0,t}^{\alpha}x(t); \tag{7.11}$$

$$\text{(v)}\ {}_{CH}D_{t_0,t}^{\alpha}\left[\boldsymbol{X}^{\mathrm{T}}(t)\boldsymbol{M}\boldsymbol{X}(t)\right]\leqslant 2\boldsymbol{X}^{\mathrm{T}}(t)\boldsymbol{M}\,{}_{CH}D_{t_0,t}^{\alpha}\boldsymbol{X}(t), \tag{7.12}$$

其中 $t\geqslant t_0,m\in\mathbb{N}^+,n\in\mathbb{N}^+$ 且 $2m\geqslant n$.

证明: (i) 由定义 7.3, 令

$$\begin{aligned}\boldsymbol{y}(t)=&\Gamma(1-\alpha)\left[{}_{CH}D_{t_0,t}^{\alpha}x^{2m}(t)-2x^m(t)\,{}_{CH}D_{t_0,t}^{\alpha}x^m(t)\right]\\=&2m\left[\int_{t_0}^{t}\left(\log\frac{t}{s}\right)^{-\alpha}x^{2m-1}(s)\frac{\mathrm{d}x(s)}{\mathrm{d}s}\mathrm{d}s\right.\end{aligned}$$

$$
\begin{aligned}
&- x^m(t)\int_{t_0}^{t}\left(\log\frac{t}{s}\right)^{-\alpha}x^{m-1}(s)\frac{\mathrm{d}x(s)}{\mathrm{d}s}\mathrm{d}s\Bigg]\\
=&2m\int_{t_0}^{t}\left(\log\frac{t}{s}\right)^{-\alpha}\left[x^{2m-1}(s)-x^m(t)x^{m-1}(s)\right]\frac{\mathrm{d}x(s)}{\mathrm{d}s}\mathrm{d}s\\
=&\int_{t_0}^{t}\left(\log\frac{t}{s}\right)^{-\alpha}\frac{\mathrm{d}}{\mathrm{d}s}\left[(x^m(s)-x^m(t))^2\right]\mathrm{d}s. \qquad (7.13)
\end{aligned}
$$

利用分部积分公式，方程 (7.13) 改写为

$$
\begin{aligned}
\boldsymbol{y}(t)=&\left(\log\frac{t}{s}\right)^{-\alpha}\left[x^m(s)-x^m(t)\right]^2\Big|_{s=t}-\left(\log\frac{t}{t_0}\right)^{-\alpha}\left[x^m(t_0)-x^m(t)\right]^2\\
&-\alpha\int_{t_0}^{t}\left(\log\frac{t}{s}\right)^{-\alpha-1}\left[x^m(s)-x^m(t)\right]^2\frac{\mathrm{d}s}{s}, \qquad (7.14)
\end{aligned}
$$

其中

$$
\begin{aligned}
&\lim_{s\to t}\left(\log\frac{t}{s}\right)^{-\alpha}\left[x^m(s)-x^m(t)\right]^2\\
=&\lim_{s\to t}\frac{\left[x^m(s)-x^m(t)\right]^2}{\left(\log\frac{t}{s}\right)^{\alpha}}\\
=&\lim_{s\to t}\frac{-s\left[2mx^{2m-1}(s)-2mx^m(t)x^{m-1}(s)\right]\left(\log\frac{t}{s}\right)^{-\alpha+1}\frac{\mathrm{d}x(s)}{\mathrm{d}s}}{\alpha}\\
=&0. \qquad (7.15)
\end{aligned}
$$

利用式 (7.14), 得到 $\boldsymbol{y}(t)\leqslant 0$. 式 (7.8) 的证明完成.

(ii) 类似地, 由定义 7.3 可得

$$
\begin{aligned}
&\Gamma(1-\alpha)\left[{}_{CH}D^{\alpha}_{t_0,t}x^{\frac{2m}{n}}(t)-\frac{2m}{2m-n}x(t)\,{}_{CH}D^{\alpha}_{t_0,t}x^{\frac{2m}{n}-1}(t)\right]\\
=&\frac{2m}{n}\int_{t_0}^{t}\left(\log\frac{t}{s}\right)^{-\alpha}x^{\frac{2m}{n}-1}(s)\frac{\mathrm{d}x(s)}{\mathrm{d}s}\mathrm{d}s\\
&-\frac{2mx(t)}{2m-n}\int_{t_0}^{t}\left(\log\frac{t}{s}\right)^{-\alpha}\left(\frac{2m}{n}-1\right)x^{\frac{2m}{n}-2}(s)\frac{\mathrm{d}x(s)}{\mathrm{d}s}\mathrm{d}s\\
=&\int_{t_0}^{t}\left(\log\frac{t}{s}\right)^{-\alpha}\left[\frac{2m}{n}x^{\frac{2m}{n}-1}(s)-\frac{2m}{2m-n}x(t)\left(\frac{2m}{n}-1\right)x^{\frac{2m}{n}-2}(s)\right]\frac{\mathrm{d}x(s)}{\mathrm{d}s}\mathrm{d}s\\
=&\int_{t_0}^{t}\left(\log\frac{t}{s}\right)^{-\alpha}\frac{\mathrm{d}}{\mathrm{d}s}y(s)\mathrm{d}s. \qquad (7.16)
\end{aligned}
$$

其中 $y(s)=x^{\frac{2m}{n}}(s)-\frac{2m}{2m-n}x(t)x^{\frac{2m}{n}-1}(s)+\left(\frac{2m}{2m-n}-1\right)x^{\frac{2m}{n}}(t)$.

借助于分部积分公式，式 (7.16) 可以化成

$$\begin{aligned}&\Gamma(1-\alpha)\left[{}_{CH}D^{\alpha}_{t_0,t}x^{\frac{2m}{n}}(t)-\frac{2m}{2m-n}x(t)\,{}_{CH}D^{\alpha}_{t_0,t}x^{\frac{2m}{n}-1}(t)\right]\\&=\frac{y(s)}{\left(\log\frac{t}{s}\right)^{\alpha}}\bigg|_{s=t}-\frac{y(t_0)}{\left(\log\frac{t}{t_0}\right)^{\alpha}}-\alpha\int_{t_0}^{t}\left(\log\frac{t}{s}\right)^{-\alpha-1}y(s)\frac{\mathrm{d}s}{s},\end{aligned}\tag{7.17}$$

其中

$$\begin{aligned}&\lim_{s\to t}\frac{y(s)}{\left(\log\frac{t}{s}\right)^{\alpha}}\\&=\lim_{s\to t}\frac{-s\left[\frac{2m}{n}x^{\frac{2m}{n}-1}(s)\frac{\mathrm{d}x(s)}{\mathrm{d}s}-\frac{2m}{n}x(t)x^{\frac{2m}{n}-2}(s)\frac{\mathrm{d}x(s)}{\mathrm{d}s}\right]\left(\log\frac{t}{s}\right)^{1-\alpha}}{\alpha}=0.\end{aligned}\tag{7.18}$$

利用 Young 不等式[97], 可得

$$x^{\frac{2m}{n}-1}(s)x(t)\leqslant\left|x^{\frac{2m}{n}-1}(s)\right|\cdot|x(t)|\leqslant\frac{2m-n}{2m}x^{\frac{2m}{n}}(s)+\frac{n}{2m}x^{\frac{2m}{n}}(t).$$

此外,

$$\begin{aligned}y(s)\geqslant&x^{\frac{2m}{n}}(s)-\frac{2m}{2m-n}\left[\frac{2m-n}{2m}x^{\frac{2m}{n}}(s)+\frac{n}{2m}x^{\frac{2m}{n}}(t)\right]+\left(\frac{2m}{2m-n}-1\right)x^{\frac{2m}{n}}(t)\\=&0.\end{aligned}\tag{7.19}$$

因此,利用式 (7.17) 可得

$$\Gamma(1-\alpha)\left({}_{CH}D^{\alpha}_{t_0,t}x^{\frac{2m}{n}}(t)-\frac{2m}{2m-n}x(t)\,{}_{CH}D^{\alpha}_{t_0,t}x^{\frac{2m}{n}-1}(t)\right)\leqslant 0.$$

式 (7.9) 得证.

(iii) 利用定义 7.3 可得

$$\Gamma(1-\alpha)\left[{}_{CH}D^{\alpha}_{t_0,t}x^{\frac{2m}{n}}(t)-\frac{2m}{n}x^{\frac{2m}{n}-1}(t)\,{}_{CH}D^{\alpha}_{t_0,t}x(t)\right]$$

$$
\begin{aligned}
&=\frac{2m}{n}\int_{t_0}^{t}\left(\log\frac{t}{s}\right)^{-\alpha}x^{\frac{2m}{n}-1}(s)\frac{\mathrm{d}x(s)}{\mathrm{d}s}\mathrm{d}s\\
&\quad-\frac{2m}{n}x^{\frac{2m}{n}-1}(t)\int_{t_0}^{t}\left(\log\frac{t}{s}\right)^{-\alpha}\frac{\mathrm{d}x(s)}{\mathrm{d}s}\mathrm{d}s\\
&=\int_{t_0}^{t}\left(\log\frac{t}{s}\right)^{-\alpha}\frac{2m}{n}\left[x^{\frac{2m}{n}-1}(s)-x^{\frac{2m}{n}-1}(t)\right]\frac{\mathrm{d}x(s)}{\mathrm{d}s}\mathrm{d}s\\
&=\int_{t_0}^{t}\left(\log\frac{t}{s}\right)^{-\alpha}\frac{\mathrm{d}}{\mathrm{d}s}y(s)\mathrm{d}s,
\end{aligned}\tag{7.20}
$$

其中 $y(s)=x^{\frac{2m}{n}}(s)-\frac{2m}{n}x^{\frac{2m}{n}-1}(t)x(s)+\left(\frac{2m}{n}-1\right)x^{\frac{2m}{n}}(t)$.

对式 (7.20) 使用分部积分公式, 我们可以得到

$$
\begin{aligned}
&\Gamma(1-\alpha)\left[{}_{CH}D_{t_0,t}^{\alpha}x^{\frac{2m}{n}}(t)-\frac{2m}{n}x^{\frac{2m}{n}-1}(t)\,{}_{CH}D_{t_0,t}^{\alpha}x(t)\right]\\
&=\frac{y(s)}{\left(\log\frac{t}{s}\right)^{\alpha}}\bigg|_{s=t}-\frac{y(t_0)}{\left(\log\frac{t}{t_0}\right)^{\alpha}}-\alpha\int_{t_0}^{t}y(s)\left(\log\frac{t}{s}\right)^{-\alpha-1}\frac{\mathrm{d}s}{s},
\end{aligned}\tag{7.21}
$$

其中

$$
\lim_{s\to t}\frac{y(s)}{\left(\log\frac{t}{s}\right)^{\alpha}}=0.\tag{7.22}
$$

使用 Young 不等式意味着

$$
x^{\frac{2m}{n}-1}(t)x(s)\leqslant\left|x^{\frac{2m}{n}-1}(t)\right|\cdot|x(s)|\leqslant\frac{2m-n}{2m}x^{\frac{2m}{n}}(t)+\frac{n}{2m}x^{\frac{2m}{n}}(s).
$$

进一步, 下面的式子成立

$$
\begin{aligned}
y(s)&=x^{\frac{2m}{n}}(s)-\frac{2m}{n}x^{\frac{2m}{n}-1}(t)x(s)+\left(\frac{2m}{n}-1\right)x^{\frac{2m}{n}}(t)\\
&\geqslant x^{\frac{2m}{n}}(s)-\frac{2m}{n}\left[\frac{2m-n}{2m}x^{\frac{2m}{n}}(t)+\frac{n}{2m}x^{\frac{2m}{n}}(s)\right]+\left(\frac{2m}{n}-1\right)x^{\frac{2m}{n}}(t)\\
&=0.
\end{aligned}\tag{7.23}
$$

因此可以得到 $\Gamma(1-\alpha)\left[{}_{CH}D^{\alpha}_{t_0,t}x^{\frac{2m}{n}}(t)-\frac{2m}{n}x^{\frac{2m}{n}-1}(t)\,{}_{CH}D^{\alpha}_{t_0,t}x(t)\right]\leqslant 0$. 这就证明了式 (7.10).

(iv) 利用公式 (7.8) 可得

$$\begin{aligned}{}_{CH}D^{\alpha}_{t_0,t}x^{2^m}(t)\leqslant&2x^{2^{m-1}}(t)\,{}_{CH}D^{\alpha}_{t_0,t}x^{2^{m-1}}(t)\\ \leqslant&2^2x^{2^{m-1}+2^{m-2}}(t)\,{}_{CH}D^{\alpha}_{t_0,t}x^{2^{m-2}}(t)\\ &\cdots\\ \leqslant&2^mx^{2^{m-1}}(t)\,{}_{CH}D^{\alpha}_{t_0,t}x(t).\end{aligned}$$

从而完成了式 (7.11)的证明.

(v) 由于 $\boldsymbol{M}$ 是一个正定矩阵, 因而存在一个非奇异矩阵 $\boldsymbol{H}$ 使得 $\boldsymbol{M}=\boldsymbol{H}^{\mathrm{T}}\boldsymbol{H}$. 方程 (7.12) 中的变量 $\boldsymbol{X}(t)$ 可以改写为

$$\boldsymbol{P}(t)=\boldsymbol{H}\boldsymbol{X}(t),$$

其中 $\boldsymbol{P}(t)=(P_1(t),P_2(t),\cdots,P_n(t))^{\mathrm{T}}$. 利用式 (7.8) 可得

$$\begin{aligned}&{}_{CH}D^{\alpha}_{t_0,t}\left[\boldsymbol{X}^{\mathrm{T}}(t)\boldsymbol{M}\boldsymbol{X}(t)\right]-2\boldsymbol{X}^{\mathrm{T}}(t)\boldsymbol{M}\,{}_{CH}D^{\alpha}_{t_0,t}\boldsymbol{X}(t)\\ =&{}_{CH}D^{\alpha}_{t_0,t}\boldsymbol{P}^{\mathrm{T}}(t)\boldsymbol{P}(t)-2\boldsymbol{P}^{\mathrm{T}}(t)\,{}_{CH}D^{\alpha}_{t_0,t}\boldsymbol{P}(t)\\ =&\sum_{i=1}^{n}\left[{}_{CH}D^{\alpha}_{t_0,t}P_i^2(t)-2P_i(t)\,{}_{CH}D^{\alpha}_{t_0,t}P_i(t)\right]\leqslant 0.\end{aligned}$$

因此，我们证明了式 (7.12).

注 7.1 当 $m=1$ 时, 式 (7.8) 中的结果可以弱化为

$${}_{CH}D^{\alpha}_{t_0,t}x^2(t)\leqslant 2x(t)\,{}_{CH}D^{\alpha}_{t_0,t}x(t). \tag{7.24}$$

考虑如下的 Caputo-Hadamard 系统:

$$
\begin{cases}
{}_{CH}D^{\alpha}_{t_0,t}\boldsymbol{x}(t)=\boldsymbol{f}(t,\boldsymbol{x}(t)),\\
\boldsymbol{x}(t_0)=\boldsymbol{x}_0,
\end{cases}
\tag{7.25}
$$

其中 $0<t_0\leqslant t,\alpha\in(0,1),\boldsymbol{f}(t,\boldsymbol{x}(t)):[t_0,\infty)\times\Omega\to\mathbb{R}^n$ 对 t 是逐段连续的且对 $\boldsymbol{x}$ 是局部 Lipschitz 连续的, 以及区域 $\Omega\subseteq\mathbb{R}^n$ 包含源 $\boldsymbol{x}=\boldsymbol{0}$.

定义 7.4 [90] 如果 $\boldsymbol{f}(t,\boldsymbol{x}_e)\equiv 0$, 则称向量 $\boldsymbol{x}_e\in\Omega$ 是 Caputo-Hadamard 系统 (7.25) 的平衡点.

定义 7.5 如果

$$
\|\boldsymbol{x}(t)\|\leqslant\left[h(t_0,\boldsymbol{x}_0)\cdot E_\alpha\left(-\eta\left(\log\frac{t}{t_0}\right)^{\alpha}\right)\right]^b,
\tag{7.26}
$$

其中 $t_0>0$, $\alpha\in(0,1),\eta\geqslant 0,b>0,h(t_0,\boldsymbol{0})=0,h(t,\boldsymbol{x}(t))\geqslant 0$, 且 $h(t,\boldsymbol{x}(t))$ 对 $\boldsymbol{x}(t)$ 是局部 Lipschitz 连续的, 则称系统 (7.25) 的解是 Hadamard-Mittag-Leffler 稳定的.

定理 7.2 令 $\boldsymbol{x}_e=0$ 是系统 (7.25) 的平衡点且 $\boldsymbol{x}_e\in\Omega\subset\mathbb{R}^n$. 如果 $W(t,\boldsymbol{x}(t))$: $(t_0,\infty)\times\Omega\to\mathbb{R}$ 是一个连续可微函数且对变量 $\boldsymbol{x}$ 是局部 Lipschitz 连续的, 还满足

$$
\beta_1\|\boldsymbol{x}(t)\|^a\leqslant W(t,\boldsymbol{x}(t))\leqslant\beta_2\|\boldsymbol{x}(t)\|^{ab},
\tag{7.27}
$$

$$
{}_{CH}D^{\alpha}_{t_0,t}W(t,\boldsymbol{x}(t))\leqslant-\beta_3\|\boldsymbol{x}(t)\|^{ab},
\tag{7.28}
$$

其中 $0<t_0<t,\boldsymbol{x}(t)\in\Omega$, $\alpha\in(0,1)$, 以及 $\beta_1,\beta_2,\beta_3,a,b\in\mathbb{R}^+$, 则 $\boldsymbol{x}_e=\boldsymbol{0}$ 是 Hadamard-Mittag-Leffler 稳定的.

证明: 利用式 (7.27) 和式 (7.28) 可得

$$
{}_{CH}D^{\alpha}_{t_0,t}W(t,\boldsymbol{x}(t))\leqslant-\frac{\beta_3}{\beta_2}W(t,\boldsymbol{x}(t)).
$$

存在一个函数 $G(t)\geqslant 0$ 使得

$$ {}_{CH}D_{t_0,t}^{\alpha}W(t,\boldsymbol{x}(t))+G(t)=-\frac{\beta_3}{\beta_2}W(t,\boldsymbol{x}(t)). \tag{7.29}$$

对式 (7.29) 运用修正的 Laplace 变换可得

$$ s^{\alpha}W(s)-W(t_0,\boldsymbol{x}_0)s^{\alpha-1}+G(s)=-\frac{\beta_3}{\beta_2}W(s), \tag{7.30}$$

其中 $W(t_0,\boldsymbol{x}_0)\geqslant 0$ 且 $W(s)=\pounds_m(W(t,\boldsymbol{x}(t)))$. 公式 (7.30) 可以改写为

$$ W(s)=\frac{W(t_0,\boldsymbol{x}_0)s^{\alpha-1}-G(s)}{s^{\alpha}+\dfrac{\beta_3}{\beta_2}}. \tag{7.31}$$

根据逆修正 Laplace 变换, 式 (7.31) 变成

$$ W(t)=W(t_0,\boldsymbol{x}_0)E_{\alpha}\left(-\frac{\beta_3}{\beta_2}\left(\log\frac{t}{t_0}\right)^{\alpha}\right)-G(t)*\left(\log\frac{t}{t_0}\right)^{\alpha-1}E_{\alpha,\alpha}\left(-\frac{\beta_3}{\beta_2}\left(\log\frac{t}{t_0}\right)^{\alpha}\right).$$

考虑到 $(\log\frac{t}{t_0})^{\alpha-1}\geqslant 0$ 和 $E_{\alpha,\alpha}\left(-\frac{\beta_3}{\beta_2}\left(\log\frac{t}{t_0}\right)^{\alpha}\right)\geqslant 0$, 可得

$$ W(t,\boldsymbol{x}(t))\leqslant W(t_0,\boldsymbol{x}_0)E_{\alpha}\left(-\frac{\beta_3}{\beta_2}\left(\log\frac{t}{t_0}\right)^{\alpha}\right). \tag{7.32}$$

将式 (7.32) 代入式 (7.27) 得到

$$ \|\boldsymbol{x}(t)\|\leqslant\left[\frac{W(t_0,\boldsymbol{x}_0)}{\beta_1}E_{\alpha}\left(-\frac{\beta_3}{\beta_2}\left(\log\frac{t}{t_0}\right)^{\alpha}\right)\right]^{\frac{1}{a}}.$$

令 $h(t_0,\boldsymbol{x}_0)=\dfrac{W(t_0,\boldsymbol{x}_0)}{\beta_1}\geqslant 0$, 可得

$$ \|\boldsymbol{x}(t)\|\leqslant\left[h(t_0,\boldsymbol{x}_0)E_{\alpha}\left(-\frac{\beta_3}{\beta_2}\left(\log\frac{t}{t_0}\right)^{\alpha}\right)\right]^{\frac{1}{a}}.$$

另外, $W(t,\boldsymbol{x})$ 对变量 $\boldsymbol{x}$ 是局部 Lipschitz 的，且当 $\boldsymbol{x}_0=\boldsymbol{0}$ 时 $W(t_0,\boldsymbol{x}_0)=0$, 我们可以推出 $h(t_0,\boldsymbol{x}_0)$ 也是局部 Lipschitz 的且 $h(t_0,\boldsymbol{0})=0$. 利用定义 7.5, 系统 (7.25) 的平衡点 $\boldsymbol{x}_e=\boldsymbol{0}$ 是 Hadamard-Mittag-Leffer 稳定的.

定理 7.3 对于系统 (7.25), 如果 Lyapunov 函数 $W(t,\boldsymbol{x}(t)):(t_0,\infty)\times\Omega\to\mathbb{R}$ 使得

$$\beta_1(\|\boldsymbol{x}(t)\|)\leqslant W(t,\boldsymbol{x}(t))\leqslant\beta_2(\|\boldsymbol{x}(t)\|),\tag{7.33}$$

$$_{CH}D^{\alpha}_{t_0,t}W(t,\boldsymbol{x}(t))\leqslant-\beta_3(\|\boldsymbol{x}(t\|),\tag{7.34}$$

其中 $t_0>0,\alpha\in(0,1)$, 且 β_1,β_2,β_3 是 K 类函数. 因此，系统 (7.25) 的平衡点 $\boldsymbol{x}_e=\boldsymbol{0}$ 是一致渐近稳定的.

证明: 由于式 (7.34) 中的函数 $\beta_3\geqslant 0$, 可得

$$_{CH}D^{\alpha}_{t_0,t}W(t,\boldsymbol{x}(t))\leqslant 0,\tag{7.35}$$

这意味着 $W(t,\boldsymbol{x}(t))\leqslant W(t_0,\boldsymbol{x}_0)$. 对于 $\varepsilon>0$, 令 $\delta:=\beta_2^{-1}(\beta_1(\varepsilon))>0$. 如果 $\|\boldsymbol{x}_0\|<\delta$ 成立, 以及式 (7.33), 得到

$$\begin{aligned}&\beta_1(\|\boldsymbol{x}(t)\|)\leqslant W(t,\boldsymbol{x}(t))\leqslant W(t_0,\boldsymbol{x}_0)\\ \leqslant&\beta_2(\|\boldsymbol{x}_0\|)\leqslant\beta_2(\delta)=\beta_2(\beta_2^{-1}(\beta_1(\varepsilon)))\\ =&\beta_1(\varepsilon),\end{aligned}$$

这意味着 $\|\boldsymbol{x}(t)\|<\varepsilon$. 这些足够证明系统 (7.25) 的平衡点 $\boldsymbol{x}_e=\boldsymbol{0}$ 一致 Lyapunov 稳定.

接下来, 证明系统 (7.25) 在 $\boldsymbol{x}_e=\boldsymbol{0}$ 处是吸引的, 即 $\lim\limits_{t\to\infty}\boldsymbol{x}(t)=\boldsymbol{0}$. 从式 (7.33) 可得 $\|\boldsymbol{x}(t)\|\leqslant\beta_1^{-1}(W(t,\boldsymbol{x}(t)))$. 因此, 如果 $\lim\limits_{t\to\infty}W(t,\boldsymbol{x}(t))=0$ 成立, 系统 (7.25) 的一致渐近稳定性将被证明.

利用式 (7.33) 和式 (7.34) 可得

$$ {}_{CH}D^{\alpha}_{t_0,t}W(t,\boldsymbol{x}(t)) \leqslant -\beta_3(\beta_2^{-1}(W(t,\boldsymbol{x}(t))). \tag{7.36}$$

根据文献 [98] 可知, 存在一个局部 Lipschitz 连续且属于 K 类的函数 β 使得 $\beta_3(\beta_2^{-1}(r)) \geqslant \beta(r)$ 成立. 紧接着, 利用式 (7.36) 可得

$$ {}_{CH}D^{\alpha}_{t_0,t}W(t,\boldsymbol{x}(t)) \leqslant -\beta(W(t,\boldsymbol{x}(t))).$$

令 $y(t)$ 是下面 Caputo-Hadamard 系统的解:

$$ {}_{CH}D^{\alpha}_{t_0,t}y(t) = -\beta(y(t)). \tag{7.37}$$

其中 $y(t) \geqslant 0, y(t_0) = W(t_0,\boldsymbol{x}_0) > 0$. 利用引理 7.5, 可得 $W(t,\boldsymbol{x}(t)) \leqslant y(t), \forall t > t_0$. 在接下来的讨论中，我们将证明 $\lim\limits_{t\to+\infty} y(t) = 0$.

通过反证法, 如果存在一个常数 $\varepsilon > 0$ 使得 $y(t) \geqslant \varepsilon, \forall t > t_0$. 通过系统 (7.3) 和式 (7.37) 可得

$$ y(t_0) - y(t) = {}_{H}D^{-\alpha}_{t_0,t}\beta(y(t)) \geqslant {}_{H}D^{-\alpha}_{t_0,t}\beta(\varepsilon) = \frac{\log^{\alpha}\left(\dfrac{t}{t_0}\right)}{\Gamma(\alpha+1)}\beta(\varepsilon). \tag{7.38}$$

由于 $\lim\limits_{t\to+\infty} \dfrac{\log^{\alpha}\left(\dfrac{t}{t_0}\right)}{\Gamma(\alpha+1)} = +\infty$, 这与假设是矛盾的. 因此，我们可以得到

$$ \liminf_{t\to+\infty} y(t) = 0. \tag{7.39}$$

利用式 (7.37) 可得

$$ \frac{1}{\Gamma(1-\alpha)}\int_{t_0}^{t}(\log\frac{t}{\tau})^{-\alpha}\frac{\mathrm{d}y(\tau)}{\mathrm{d}\tau}\mathrm{d}\tau = -\beta(y(t)), \tag{7.40}$$

其中 $t>t_0$. 由 $y(t)\geqslant 0$ 和 $y(t_0)>0$, 存在一个常数 $t_1>t_0$ 使得 $\dfrac{\mathrm{d}y(t)}{\mathrm{d}t}<0, \forall t\in(t_0,t_1]$. 假设存在一个常数 $t_2\geqslant t_1$ 使得 $\dfrac{\mathrm{d}y(t)}{\mathrm{d}t}<0$, $\forall t\in[t_1,t_2]$. 由 $y(t)$ 的单调性, 显然 $y(t_2)\geqslant y(t_1)$ 是成立的. 显然可得

$$[{}_{CH}D_{t_0,t}^{\alpha}y(t)]|_{t=t_2}-[{}_{CH}D_{t_0,t}^{\alpha}y(t)]|_{t=t_1}=-\beta(y(t_2))+\beta(y(t_1))\leqslant 0. \tag{7.41}$$

利用定义 7.3 可得

$$\begin{aligned}
&[{}_{CH}D_{t_0,t}^{\alpha}y(t)]|_{t=t_2}-[{}_{CH}D_{t_0,t}^{\alpha}y(t)]|_{t=t_1}\\
=&\frac{1}{\Gamma(1-\alpha)}\left[\int_{t_0}^{t_2}\left(\log\frac{t_2}{\tau}\right)^{-\alpha}\frac{\mathrm{d}y(\tau)}{\mathrm{d}\tau}\mathrm{d}\tau-\int_{t_0}^{t_1}\left(\log\frac{t_1}{\tau}\right)^{-\alpha}\frac{\mathrm{d}y(\tau)}{\mathrm{d}\tau}\mathrm{d}\tau\right]\\
=&\frac{1}{\Gamma(1-\alpha)}\left\{\int_{t_0}^{t_1}\left[\left(\log\frac{t_2}{\tau}\right)^{-\alpha}-\left(\log\frac{t_1}{\tau}\right)^{-\alpha}\right]\frac{\mathrm{d}y(\tau)}{\mathrm{d}\tau}\mathrm{d}\tau+\int_{t_1}^{t_2}\left(\log\frac{t_2}{\tau}\right)^{-\alpha}\frac{\mathrm{d}y(\tau)}{\mathrm{d}\tau}\mathrm{d}\tau\right\}\\
>&0,
\end{aligned} \tag{7.42}$$

这与式 (7.41) 是矛盾的. 这意味着 t_2 是不存在的. 因此, $y(t)$ 是单调递减的. 由于 $y(t)$ 有下界和式 (7.39), 我们最终得到了 $\lim\limits_{t\to+\infty}y(t)=0$. 证毕.

7.2 预估 — 校正算法

在这里，我们使用广义 Adams-Bashforth-Moulton 算法[99]. 下面简单介绍一下这个算法.

考虑微分方程

$$\begin{aligned}
&{}_{CH}D_{a^+}^{\alpha}u(t)=f(t,u),\quad t>a>0,\quad 0<\alpha<1,\\
&u\left(a^+\right)=u_a,
\end{aligned} \tag{7.43}$$

其中 u_a 是初值. Caputo-Hadamard 分数阶方程 (7.43) 等价于以下的 Volterra 积分方程

$$u(t)=u_a+\frac{1}{\Gamma(\alpha)}\int_a^t\left(\log\frac{t}{s}\right)^{\alpha-1}f(s,u(s))\frac{\mathrm{d}s}{s}. \tag{7.44}$$

对于给定的时间 T 和正整数 N, 用步长 $h=t_{j+1}-t_j, 0\leqslant j\leqslant N-1$，将区间 $[a,T]$ 一致分成 $a=t_0<t_1<\cdots<t_k<t_{k+1}<\cdots<t_N=T$. 用 u_j 表示 $u(t_j), j=0,1,\cdots,N$ 的近似解. 考虑如下的积分

$$
\begin{aligned}
I_{k+1} &= \int_a^{t_{k+1}} \left(\log\frac{t_{k+1}}{s}\right)^{\alpha-1} f(s,u(s))\frac{\mathrm{d}s}{s} \\
&= \sum_{j=0}^{k}\int_{t_j}^{t_{j+1}} \left(\log\frac{t_{k+1}}{s}\right)^{\alpha-1} f(s,u(s))\frac{\mathrm{d}s}{s}, \quad k=0,1,\cdots,N-1.
\end{aligned} \tag{7.45}
$$

积分 I_{k+1} 可以用下面的方法近似

$$
I_{k+1}\approx\sum_{j=0}^{k}\int_{t_j}^{t_{j+1}} \left(\log\frac{t_{k+1}}{s}\right)^{\alpha-1}\tilde{f}_j(s,u(s))\frac{\mathrm{d}s}{s}, \tag{7.46}
$$

其中 $\tilde{f}_j(s,u(s)), j=0,1,\cdots,k$ 是 $f(s,u(s))$ 在区间 $[t_j,t_{j+1}]$ 上的近似值.

下面采用两种办法得到近似值 $\tilde{f}_j(s,u(s))$.

(i) 选择 $\tilde{f}_j(s,u(s))$ 为

$$
\tilde{f}_j(s,u(s))=f(t_j,u_j), \quad j=0,1,\cdots,k
$$

利用左矩形公式可以得到

$$
u_{k+1}=u_a+\frac{1}{\Gamma(\alpha+1)}\sum_{j=0}^{k}w_{j,k+1}f(t_j,u_j), \tag{7.47}
$$

其中

$$
w_{j,k+1}=\left(\log\frac{t_{k+1}}{t_j}\right)^{\alpha}-\left(\log\frac{t_{k+1}}{t_{j+1}}\right)^{\alpha}, \quad j=0,1,\cdots,k. \tag{7.48}
$$

(ii) 选择 $\tilde{f}_j(s,u(s))$ 为

$$
\tilde{f}_j(s,u(s))=\frac{1}{2}\left[f(t_j,u_j)+f\left(t_{j+1},u_{j+1}\right)\right]. \tag{7.49}
$$

利用梯形公式可以得到

$$u_{k+1} = u_a + \frac{1}{\Gamma(\alpha+1)} \sum_{j=0}^{k+1} \widetilde{w}_{j,k+1} f(t_j, u_j), \tag{7.50}$$

其中

$$\tilde{w}_{j,k+1} = \begin{cases} \frac{1}{2} w_{j,k+1}, & j=0, \\ \frac{1}{2}\left(w_{j-1,k+1} + w_{j,k+1}\right), & 1 \leqslant j \leqslant k, \\ \frac{1}{2}\left(\log \frac{t_{k+1}}{t_k}\right)^{\alpha}, & j=k+1, \end{cases} \tag{7.51}$$

显然，式 (7.50) 是一个隐格式，因此使用预估校正算法可以简化计算. 可以选择式 (7.47) 作为预估值 u_{k+1}^p. 将预估值代入式 (7.50) 得到校正值 u_{k+1}. 具体如下：

$$\begin{aligned} u_{k+1}^p &= u_a + \frac{1}{\Gamma(\alpha+1)} \sum_{j=0}^{k} w_{j,k+1} f(t_j, u_j), \\ u_{k+1} &= u_a + \frac{1}{\Gamma(\alpha+1)} \left[\sum_{j=0}^{k} \tilde{w}_{j,k+1} f(t_j, u_j) + \tilde{w}_{k+1,k+1} f\left(t_{k+1}, u_{k+1}^p\right)\right], \end{aligned} \tag{7.52}$$

其中 $w_{j,k+1}$ 和 $\tilde{w}_{j,k+1}$ 分别取自式 (7.48) 和式 (7.51).

7.3 Hadamard 分数阶复杂网络的同步

7.3.1 Hadamard 型分数阶复杂网络

考虑由 N 个相同的耦合节点组成的复杂网络，每一个节点是 n 维的 Caputo-Hadamard 分数阶动力系统，具体如下：

$${}_{CH}D_{t_0,t}^{\alpha} \boldsymbol{x}_i(t) = \boldsymbol{f}(\boldsymbol{x}_i(t)) + c \sum_{j=1}^{N} g_{ij} \boldsymbol{A}\, \boldsymbol{x}_j(t) + \boldsymbol{u}_i, \quad i = 1, 2, \cdots, N, \tag{7.53}$$

其中 $0 < \alpha \leqslant 1, \boldsymbol{x}_i = (x_{i1}, x_{i2}, \cdots, x_{in})^{\mathrm{T}} \in \mathbb{R}^n$ 是第 i 个节点的状态向量，$\boldsymbol{f}: \mathbb{R}^n \to \mathbb{R}^n$ 是光滑的向量值函数，每一个节点的动力学由 Caputo-Hadamard 分数阶微分方程 ${}_{CH}D_{t_0,t}^{\alpha} \boldsymbol{x}_i(t) = \boldsymbol{f}(\boldsymbol{x}_i(t))$ 确定，$\boldsymbol{A} \in \mathbb{R}^{n \times n}$ 是连接耦合变量的内部矩阵，c 是耦

合强度. $\boldsymbol{G}=(g_{ij})_{N\times N}$ 是耦合扩散配置矩阵用来表示网络的拓扑结构，其中若节点 i 和 $j(i\neq j)$ 存在连接，则 $g_{ij}>0$, 否则 $g_{ij}=0(i\neq j)$; $\boldsymbol{G}$ 的对角元定义为 $g_{ii}=-\sum\limits_{j=1,i\neq j}^{N} g_{ij}$. u_i 是控制器.

令 $\boldsymbol{s}(t)=\boldsymbol{s}(t;t_0,\boldsymbol{x}_0)\in\mathbb{R}^n$ 且 $\boldsymbol{x}_0\in\mathbb{R}^n$ 是节点动力学 ${}_{CH}D^{\alpha}_{t_0,t}\boldsymbol{s}(t)=\boldsymbol{f}(\boldsymbol{s}(t))$. 我们的目标是设计恰当的控制器 $\boldsymbol{u}_i$ 使得网络同步于给定的状态 $\boldsymbol{s}(t)$，即

$$\lim_{t\to\infty}\|\boldsymbol{x}_i(t)-\boldsymbol{s}(t)\|=0,\quad 1\leqslant i\leqslant N, \tag{7.54}$$

在这里 $\boldsymbol{s}(t)$ 可能是平衡点、周期轨、混沌吸引子.

定义误差向量:

$$\boldsymbol{e}_i(t)=\boldsymbol{x}_i(t)-\boldsymbol{s}(t),\quad 1\leqslant i\leqslant N.$$

我们可以得到如下的误差动力系统:

$${}_{CH}D^{\alpha}_{t_0,t}\boldsymbol{e}_i(t)=\boldsymbol{f}(\boldsymbol{x}_i(t))-\boldsymbol{f}(\boldsymbol{s}(t))+c\sum_{j=1}^{N}g_{ij}\boldsymbol{A}\boldsymbol{e}_j+\boldsymbol{u}_i,\quad 1\leqslant i\leqslant N. \tag{7.55}$$

因此，动态网络 (7.53) 的同步等价于误差动力系统 (7.55) 的渐近稳定性.

引理 7.6 [83] 假设 $\boldsymbol{Q}=(q_{ij})_{N\times N}$ 是对称的. 令 $\boldsymbol{M}^*=\mathrm{diag}(m_1^*,m_2^*,\cdots,m_l^*,\underbrace{0,\cdots,0}_{N-l})$,

$\boldsymbol{Q}-\boldsymbol{M}^*=\begin{pmatrix}\boldsymbol{E}-\tilde{\boldsymbol{M}}^* & \\ \boldsymbol{S}^{\mathrm{T}} & \end{pmatrix}$, 且 $m^*=\min_{1\leqslant i\leqslant l}\{m_i^*\}$, 其中 $1\leqslant l\leqslant N, m_i^*>0, i=1,\cdots,l, \boldsymbol{Q}_l$ 是 $\boldsymbol{Q}$ 删掉前面的 $l\ (1\leqslant l\leqslant N)$ 个行 — 列对得到的最小矩阵, $\boldsymbol{E}$ 和 $\boldsymbol{S}$ 是有合适维数的矩阵, $\tilde{\boldsymbol{M}}^*=\mathrm{diag}\left(m_1^*,\cdots,m_l^*\right)$. 从而当 $m^*>\lambda_{\max}\left(\boldsymbol{E}-\boldsymbol{S}\boldsymbol{Q}_l^{-1}\boldsymbol{S}^{\mathrm{T}}\right)$ 时, $\boldsymbol{Q}-\boldsymbol{M}^*<0$ 等价于 $\boldsymbol{Q}_l<0$.

引理 7.7 [83] 假设 $\boldsymbol{U},\boldsymbol{V}$ 是 $N\times N$ 的 Hermitian 矩阵. 令 $\xi_1\geqslant\xi_2\geqslant\cdots\geqslant\xi_N, \zeta_1\geqslant\zeta_2\geqslant\cdots\geqslant\zeta_N$, 和 $\varepsilon_1\geqslant\varepsilon_2\geqslant\cdots\geqslant\varepsilon_N$ 分别是矩阵 $\boldsymbol{U},\boldsymbol{V}$ 和 $\boldsymbol{U}+\boldsymbol{V}$ 的特征值, 则 $\xi_i+\zeta_N\leqslant\varepsilon_i\leqslant\xi_i+\zeta_1, 1\leqslant i\leqslant N$.

假设 7.1 假设内部耦合矩阵 $\boldsymbol{A}$ 满足 $\|\boldsymbol{A}\|=\gamma$, 以及 $\rho_{\min}$ 是矩阵 $\left(\boldsymbol{A}+\boldsymbol{A}^{\mathrm{T}}\right)/2$ 的最小特征值.

假设 7.2 令 $\tilde{G}=\left(\hat{G}+\hat{G}^{\mathrm{T}}\right)/2$, 以及 $\lambda_{\max}$ 是 $\tilde{G}$ 的最大特征值, 其中 $\hat{G}$ 是将矩阵 G 的对角元 g_{ii} 用 $(\rho_{\min}/\gamma)g_{ii}$ 代替后得到的修正矩阵. 令 $\tilde{G}_l$ 是将矩阵 $\tilde{G}$ 的前 l 个行 — 列对删除后得到的最小矩阵.

假设 7.3 假设 $\|Df(s)\|_2$ 是有界的, 其中 $Df(s)$ 是函数 f 在 $x=s$ 处的 Jacobian 矩阵, 即存在非负常数 α 使得 $\|Df(s)\|_2\leqslant\alpha$.

7.3.2 局部同步

为了不失一般性，假设前 l 个节点被选择为牵制节点，具体如下：

$$\begin{cases}\boldsymbol{u}_i=-m_i\boldsymbol{e}_i, \quad {}_{CH}D_{t_0,t}^{\alpha}m_i=n_i\|\boldsymbol{e}_i\|_2^2, \quad 1\leqslant i\leqslant l,\\ \boldsymbol{u}_i=\boldsymbol{0}, \quad l+1\leqslant i\leqslant N,\end{cases} \tag{7.56}$$

其中 m_i 是反馈增益, $n_i(1\leqslant i\leqslant l)$ 是正常数. 受控网络 (7.53) 可以被改写为:

$$\begin{cases}{}_{CH}D_{t_0,t}^{\alpha}\boldsymbol{e}_i(t)=\boldsymbol{f}(\boldsymbol{x}_i(t))-\boldsymbol{f}(\boldsymbol{s}(t))+c\sum\limits_{j=1}^{N}g_{ij}\boldsymbol{A}\boldsymbol{e}_j-m_i\boldsymbol{e}_i, & 1\leqslant i\leqslant l,\\ {}_{CH}D_{t_0,t}^{\alpha}m_i=n_i\|\boldsymbol{e}_i\|_2^2, & 1\leqslant i\leqslant l,\\ {}_{CH}D_{t_0,t}^{\alpha}\boldsymbol{e}_i(t)=\boldsymbol{f}(\boldsymbol{x}_i(t))-\boldsymbol{f}(\boldsymbol{s}(t))+c\sum\limits_{j=1}^{N}g_{ij}\boldsymbol{A}\boldsymbol{e}_j, & l+1\leqslant i\leqslant N.\end{cases} \tag{7.57}$$

定理 7.4 若假设 7.1、7.2 和 7.3 都成立，且满足条件:

$$\alpha+\gamma c\lambda_{\max}\left(\tilde{G}_l\right)<0, \tag{7.58}$$

其中 $\tilde{G}_l$ 是移除矩阵 $\tilde{G}$ 前 l 个行 — 列对得到的最小矩阵，则复杂网络 (7.53) 在自适应牵制控制器 (7.56) 作用下局部渐近同步于目标状态 $\boldsymbol{s}(t)$.

证明: 将误差网络 (7.57) 在 $\boldsymbol{x}=\boldsymbol{s}$ 处线性化, 令 $e_{m_i}=m_i-m_i^*$, 可得

$$\begin{cases} {}_{CH}D_{t_0,t}^{\alpha}\boldsymbol{e}_i(t)=D\boldsymbol{f}(s)\boldsymbol{e}_i+c\sum\limits_{j=1}^{N}g_{ij}\boldsymbol{A}\boldsymbol{e}_j-\boldsymbol{e}_ie_{m_i}-m_i^*\boldsymbol{e}_i, & 1\leqslant i\leqslant l,\\ {}_{CH}D_{t_0,t}^{\alpha}m_i={}_{CH}D_{t_0,t}^{\alpha}\boldsymbol{e}_i(t)e_{m_i}=n_i\|\boldsymbol{e}_i\|_2^2, & 1\leqslant i\leqslant l,\\ {}_{CH}D_{t_0,t}^{\alpha}\boldsymbol{e}_i(t)=D\boldsymbol{f}(s)\boldsymbol{e}_i+c\sum\limits_{j=1}^{N}g_{ij}\boldsymbol{A}\boldsymbol{e}_j, & l+1\leqslant i\leqslant N. \end{cases} \tag{7.59}$$

构造如下的 Lyapunov 函数:

$$V(t,x(t))=\sum_{i=1}^{N}\boldsymbol{e}_i(t)\boldsymbol{e}_i^{\mathrm{T}}(t)+\sum_{i=1}^{N}\frac{1}{n_i}e_{m_i}^2(t). \tag{7.60}$$

利用定理 7.1 (i)，两边同时求 Caputo-Hadamard 分数阶导数可得

$$\begin{aligned} &{}_{CH}D_{t_0,t}^{\alpha}V(t,x(t))\\ =&\sum_{i=1}^{N}\boldsymbol{e}_i^{\mathrm{T}}(t)\,{}_{CH}D_{t_0,t}^{\alpha}\boldsymbol{e}_i(t)+\sum_{i=1}^{l}e_{m_i}(t)\,{}_{CH}D_{t_0,t}^{\alpha}e_{m_i}\\ =&\sum_{i=1}^{N}\boldsymbol{e}_i^{\mathrm{T}}D\boldsymbol{f}(s)\boldsymbol{e}_i+c\sum_{i=1}^{N}\sum_{j=1}^{N}g_{ij}\boldsymbol{e}_i^{\mathrm{T}}\boldsymbol{A}\boldsymbol{e}_j-\sum_{i=1}^{l}m_i^*\boldsymbol{e}_i^{\mathrm{T}}\boldsymbol{e}_i\\ \leqslant&\sum_{i=1}^{N}\alpha\boldsymbol{e}_i^{\mathrm{T}}\boldsymbol{e}_i+c\sum_{i=1}^{N}\sum_{j=1,i\neq j}^{N}g_{ij}\boldsymbol{e}_i^{\mathrm{T}}\boldsymbol{A}\boldsymbol{e}_j+c\sum_{i=1}^{N}g_{ii}\boldsymbol{e}_i^{\mathrm{T}}\left(\frac{\boldsymbol{A}+\boldsymbol{A}^{\mathrm{T}}}{2}\right)\boldsymbol{e}_i-\sum_{i=1}^{l}m_i^*\boldsymbol{e}_i^{\mathrm{T}}\boldsymbol{e}_i\\ \leqslant&\sum_{i=1}^{N}\alpha\boldsymbol{e}_i^{\mathrm{T}}\boldsymbol{e}_i+c\sum_{i=1}^{N}\sum_{j=1,i\neq j}^{N}\gamma g_{ij}\|\boldsymbol{e}_i\|_2\|\boldsymbol{e}_j\|_2+c\sum_{i=1}^{N}g_{ii}\rho_{\min}\boldsymbol{e}_i^{\mathrm{T}}\boldsymbol{e}_i-\sum_{i=1}^{l}m_i^*\boldsymbol{e}_i^{\mathrm{T}}\boldsymbol{e}_i\\ =&\boldsymbol{e}^{\mathrm{T}}\left(\alpha\boldsymbol{I}_N+\gamma c\tilde{\boldsymbol{G}}-\boldsymbol{M}^*\right)e, \end{aligned} \tag{7.61}$$

其中 $\boldsymbol{M}^*=\operatorname{diag}(\underbrace{m_1^*,m_2^*,\cdots,m_l^*}_{l},\underbrace{0,\cdots,0}_{N-l}),\boldsymbol{e}=[\|\boldsymbol{e}_1\|_2,\|\boldsymbol{e}_2\|_2,\cdots,\|\boldsymbol{e}_N\|_2]^{\mathrm{T}}$.

令 $\boldsymbol{Q}=\alpha\boldsymbol{I}_N+\gamma c\tilde{\boldsymbol{G}}$, 和 $\boldsymbol{Q}-\boldsymbol{M}^*=\alpha\boldsymbol{I}_N+\gamma c\tilde{\boldsymbol{G}}-\boldsymbol{M}^*=\begin{pmatrix}\boldsymbol{E}-\tilde{\boldsymbol{M}}^* & \boldsymbol{S}\\ \boldsymbol{S}^{\mathrm{T}} & \boldsymbol{Q}_l\end{pmatrix}$, 以及 $m^*=\min_{1\leqslant i\leqslant l}\{m_i^*\}$, 其中 $1\leqslant l\leqslant N, m_i^*>0, i=1,\cdots,l$, $\boldsymbol{Q}_l$ 是 $\boldsymbol{Q}$ 移除前 $l(1\leqslant l\leqslant N)$ 行 — 列对得到的最小矩阵, $\boldsymbol{E}$ 和 $\boldsymbol{S}$ 是有合适维数的矩阵, $\tilde{\boldsymbol{M}}^*=\operatorname{diag}\left(m_1^*,\cdots,m_l^*\right)$. 利用引理 7.6, 若 m^* 充分大，使得 $m^*>\lambda_{\max}\left(\boldsymbol{E}-\boldsymbol{S}\boldsymbol{Q}_l^{-1}S^{\mathrm{T}}\right)$ 成立，$\boldsymbol{Q}-\boldsymbol{M}^*<0$ 等

价于 $\boldsymbol{Q}_l=\left(\alpha \boldsymbol{I}_N+\gamma c\tilde{\boldsymbol{G}}\right)_l<0$, 其中 $\boldsymbol{Q}_l=\left(\alpha \boldsymbol{I}_N+\gamma c\tilde{\boldsymbol{G}}\right)_l$ 是矩阵 $\boldsymbol{Q}$ 移除前 l 个行 — 列对后的最小矩阵. 利用引理 7.7, 因为 $\boldsymbol{Q}_l=\left(\alpha \boldsymbol{I}_N+\gamma c\tilde{\boldsymbol{G}}\right)_l$ 是一个实对称矩阵，则 $\lambda_{\max}\left(\alpha \boldsymbol{I}_N+\gamma c\tilde{\boldsymbol{G}}_l\right)\leqslant \alpha+\gamma c\lambda_{\max}(\tilde{\boldsymbol{G}})_l<0$, 从而 $\boldsymbol{Q}_l=\left(\alpha \boldsymbol{I}_N+\gamma c\tilde{\boldsymbol{G}}\right)_l<0$, 这意味着 $\boldsymbol{Q}-\boldsymbol{M}^*=\alpha \boldsymbol{I}_N+\gamma c\tilde{\boldsymbol{G}}-\boldsymbol{M}^*<0$. 考虑到 (7.61), 利用定理 7.2, 可得复杂网络 (7.53) 在自适应牵制控制器 (7.56) 作用下局部渐近同步于目标状态 $\boldsymbol{s}(t)$.

在定理 7.4 中，假设了内部耦合矩阵 $\boldsymbol{A}$ 是有界的，且矩阵 $\dfrac{(\boldsymbol{A}+\boldsymbol{A}^{\mathrm{T}})}{2}$ 的最小特征值需要计算. 我们将上述条件弱化，可以得到如下的定理.

定理 7.5 若只有假设 7.3 成立，且满足条件:

$$\alpha+c\lambda_{\max}\left(\bar{\boldsymbol{G}}_{nl}\right)<0, \tag{7.62}$$

其中 $\bar{\boldsymbol{G}}_{nl}$ 是矩阵 $\bar{\boldsymbol{G}}=\dfrac{(\boldsymbol{G}\otimes\boldsymbol{A})^{\mathrm{T}}+(\boldsymbol{G}\otimes\boldsymbol{A})}{2}$ 移除强 nl 个行 — 列对得到的最小矩阵，则复杂网络 (7.53) 在自适应牵制控制器 (7.56) 作用下局部渐近同步于目标状态 $\boldsymbol{s}(t)$.

证明: 构造 Lyapunov 函数:

$$V(t,x(t))=\sum_{i=1}^{N}\boldsymbol{e}_i(t)\boldsymbol{e}_i^{\mathrm{T}}(t)+\sum_{i=1}^{N}\frac{1}{n_i}e_{m_i}^2(t). \tag{7.63}$$

利用定理 7.1 (i)，两边同时求 Caputo-Hadamard 分数阶导数可得

$$\begin{aligned}
&{}_{CH}D_{t_0,t}^{\alpha}V(t,x(t))\\
\leqslant&\sum_{i=1}^{N}\boldsymbol{e}_i^{\mathrm{T}}(t)\,{}_{CH}D_{t_0,t}^{\alpha}\boldsymbol{e}_i(t)+\sum_{i=1}^{l}e_{m_i}\,{}_{CH}D_{t_0,t}^{\alpha}e_{m_i}\\
=&\sum_{i=1}^{N}\boldsymbol{e}_i^{\mathrm{T}}D\boldsymbol{f}(s)\boldsymbol{e}_i+c\sum_{i=1}^{N}\sum_{j=1}^{N}g_{ij}\boldsymbol{e}_i^{\mathrm{T}}\boldsymbol{A}\boldsymbol{e}_j-\sum_{i=1}^{l}m_i^*\boldsymbol{e}_i^{\mathrm{T}}\boldsymbol{e}_i\\
\leqslant&\sum_{i=1}^{N}\alpha\boldsymbol{e}_i^{\mathrm{T}}\boldsymbol{e}_i+c\sum_{i=1}^{N}\sum_{j=1}^{N}g_{ij}\boldsymbol{e}_i^{\mathrm{T}}A\boldsymbol{e}_j-\sum_{i=1}^{l}m_i^*\boldsymbol{e}_i^{\mathrm{T}}\boldsymbol{e}_i\\
=&\boldsymbol{e}^{\mathrm{T}}\left(\alpha\boldsymbol{I}_{nN}+\bar{\boldsymbol{G}}-\boldsymbol{M}^*\otimes I_n\right)\boldsymbol{e},
\end{aligned} \tag{7.64}$$

其中 $\boldsymbol{M}^*=\mathrm{diag}(\underbrace{m_1^*,m_2^*,\cdots,m_l^*}_{l},\underbrace{0,\cdots,0}_{N-l})$, $\bar{\boldsymbol{G}}=\dfrac{(\boldsymbol{G}\otimes\boldsymbol{A})^{\mathrm{T}}+(\boldsymbol{G}\otimes\boldsymbol{A})}{2}$, $\otimes$ 表示 Kronecker 积, $\boldsymbol{e}=\left[\boldsymbol{e}_1^{\mathrm{T}},\boldsymbol{e}_2^{\mathrm{T}},\cdots,\boldsymbol{e}_N^{\mathrm{T}}\right]^{\mathrm{T}}\in R^{nN}$. $\boldsymbol{I}_{nN}$ 是 nN 维的单位矩阵.

然后，类似于定理 7.4 的证明过程，我们可以证明定理 7.5.

7.3.3 全局同步

方程 (7.53) 可以改写为如下的形式:

$$
{}_{CH}D_{t_0,t}^{\alpha}\boldsymbol{x}_i(t)=\boldsymbol{B}\boldsymbol{x}_i(t)+\boldsymbol{h}(\boldsymbol{x}_i(t))+c\sum_{j=1}^{N}g_{ij}\boldsymbol{A}\boldsymbol{x}_j(t)+\boldsymbol{u}_i,\quad i=1,2,\cdots,N,\tag{7.65}
$$

其中每个节点的动力系统是 ${}_{CH}D_{t_0,t}^{\alpha}\boldsymbol{x}_i(t)=\boldsymbol{f}(\boldsymbol{x}_i(t))=\boldsymbol{B}\boldsymbol{x}_i(t)+\boldsymbol{h}(\boldsymbol{x}_i(t))$, $\boldsymbol{B}\boldsymbol{x}_i(t)$ 和 $\boldsymbol{h}(\boldsymbol{x}_i(t))$ 分别是线性部分和非线性部分, $\boldsymbol{B}\in\mathbb{R}^{n\times n}$ 是一个常矩阵, 且 $\boldsymbol{h}:\mathbb{R}^n\to\mathbb{R}^n$ 是一个连续可微函数.

假设 7.4 假设存在一个非负常数 β 使得 $\|\boldsymbol{B}\|_2\leqslant\beta$.

假设 7.5 假设存在一个非负常数 δ 使得 $\|\boldsymbol{h}(\boldsymbol{x}_i)-\boldsymbol{h}(s)\|_2\leqslant\delta\|\boldsymbol{e}_i\|_2, 1\leqslant i\leqslant N$.

类似地, 选取前 l 个节点作为牵制节点, 设计自适应控制器 (7.56), 令 $e_{m_i}=m_i-m_i^*$，我们可以得到如下的误差网络:

$$
\begin{cases}
{}_{CH}D_{t_0,t}^{\alpha}\boldsymbol{e}_i(t)=\boldsymbol{B}\boldsymbol{e}_i(t)+\boldsymbol{h}(\boldsymbol{x}_i(t))-\boldsymbol{h}(\boldsymbol{s}(t))+c\displaystyle\sum_{j=1}^{N}c_{ij}\boldsymbol{A}\boldsymbol{e}_j-m_i\boldsymbol{e}_i, & 1\leqslant i\leqslant l,\\
{}_{CH}D_{t_0,t}^{\alpha}m_i=n_i\|\boldsymbol{e}_i\|_2^2, & 1\leqslant i\leqslant l,\\
{}_{CH}D_{t_0,t}^{\alpha}\boldsymbol{e}_i(t)=\boldsymbol{B}\boldsymbol{e}_i(t)+\boldsymbol{h}(\boldsymbol{x}_i(t))-\boldsymbol{h}(\boldsymbol{s}(t))+c\displaystyle\sum_{j=1}^{N}c_{ij}\boldsymbol{A}\boldsymbol{e}_j, & l+1\leqslant i\leqslant N.
\end{cases}\tag{7.66}
$$

定理 7.6 若假设 7.2、7.4 和 7.5 成立, 且在自适应控制器 (7.56) 作用下,

$$
(\beta+\delta)+\gamma c\lambda_{\max}(\tilde{\boldsymbol{G}}_l)<0,\tag{7.67}
$$

其中 $\tilde{\boldsymbol{G}}_l$ 是矩阵 $\tilde{\boldsymbol{G}}$ 移除前 l 行 — 列对后得到的最小矩阵, 则 Caputo-Hadamard 分数阶复杂网络 (7.65) 全局渐近同步于目标状态 $\boldsymbol{s}(t)$.

证明: 构造 Lyapunov 函数:

$$V(t,x(t))=\sum_{i=1}^{N}\boldsymbol{e}_i(t)\boldsymbol{e}_i^{\mathrm{T}}(t)+\sum_{i=1}^{N}\frac{1}{n_i}e_{m_i}^2(t). \tag{7.68}$$

利用定理 7.1 (i)，两边同时求 Caputo-Hadamard 分数阶导数可得

$$\begin{aligned}
&{}_{CH}D_{t_0,t}^{\alpha}V(t,x(t))\\
\leqslant&\sum_{i=1}^{N}\boldsymbol{e}_i\,{}_{CH}D_{t_0,t}^{\alpha}\boldsymbol{e}_i(t)+\sum_{i=1}^{l}\frac{1}{n_i}e_{m_i}^{\mathrm{T}}\,{}_{CH}D_{t_0,t}^{\alpha}e_{m_i}\\
=&\sum_{i=1}^{N}\boldsymbol{e}_i^{\mathrm{T}}\boldsymbol{B}\boldsymbol{e}_i+\sum_{i=1}^{N}\boldsymbol{e}_i^{\mathrm{T}}\left[\boldsymbol{h}(\boldsymbol{x}_i)-\boldsymbol{h}(s)\right]+c\sum_{i=1}^{N}\sum_{j=1}^{N}g_{ij}\boldsymbol{e}_i^{\mathrm{T}}\boldsymbol{A}\boldsymbol{e}_j-\sum_{i=1}^{l}m_i^*\boldsymbol{e}_i^{\mathrm{T}}\boldsymbol{e}_i\\
\leqslant&\sum_{i=1}^{N}(\beta+\delta)\boldsymbol{e}_i^{\mathrm{T}}\boldsymbol{e}_i+c\sum_{i=1}^{N}\sum_{j=1,i\neq j}^{N}g_{ij}\boldsymbol{e}_i^{\mathrm{T}}\boldsymbol{A}\boldsymbol{e}_j+c\sum_{i=1}^{N}g_{ii}\boldsymbol{e}_i^{\mathrm{T}}\left(\frac{\boldsymbol{A}+\boldsymbol{A}^{\mathrm{T}}}{2}\right)\boldsymbol{e}_i-\sum_{i=1}^{l}m_i^*\boldsymbol{e}_i^{\mathrm{T}}\boldsymbol{e}_i\\
\leqslant&\sum_{i=1}^{N}(\beta+\delta)\boldsymbol{e}_i^{\mathrm{T}}\boldsymbol{e}_i+c\sum_{i=1}^{N}\sum_{j=1,i\neq j}^{N}\gamma g_{ij}\left\|\boldsymbol{e}_i\right\|_2\left\|\boldsymbol{e}_j\right\|_2+c\sum_{i=1}^{N}g_{ii}\rho_{\min}\boldsymbol{e}_i^{\mathrm{T}}\boldsymbol{e}_i-\sum_{i=1}^{l}m_i^*\boldsymbol{e}_i^{\mathrm{T}}\boldsymbol{e}_i\\
=&\boldsymbol{e}^{\mathrm{T}}\left[(\beta+\delta)\boldsymbol{I}_N+\gamma c\tilde{\boldsymbol{G}}-\boldsymbol{M}^*\right]\boldsymbol{e},
\end{aligned}$$

其中 $\boldsymbol{M}^*=\mathrm{diag}(\underbrace{m_1^*,m_2^*,\cdots,m_l^*}_{l},\underbrace{0,\cdots,0}_{N-l}),\boldsymbol{e}=\left[\|\boldsymbol{e}_1\|_2,\|\boldsymbol{e}_2\|_2,\cdots,\|\boldsymbol{e}_N\|_2\right]^{\mathrm{T}}$.

令 $\boldsymbol{W}=(\beta+\delta)\boldsymbol{I}_N+\gamma c\tilde{\boldsymbol{G}}$ 和 $\boldsymbol{W}-\boldsymbol{M}^*=(\beta+\delta)\boldsymbol{I}_N+\gamma c\tilde{\boldsymbol{G}}-\boldsymbol{M}^*=\begin{pmatrix}\boldsymbol{D}-\tilde{\boldsymbol{M}}^* & \boldsymbol{T}\\ \boldsymbol{T}^{\mathrm{T}} & W_l\end{pmatrix}$. 其余的证明类似于定理 7.4，在这里忽略. 最终，可得 $\lambda_{\max}\left((\beta+\delta)\boldsymbol{I}_N+\gamma c\tilde{\boldsymbol{G}}\right)_l\leqslant(\beta+\delta)+\gamma c\lambda_{\max}(\tilde{\boldsymbol{G}})_l<0$, 这意味着 $\boldsymbol{W}-\boldsymbol{M}^*=(\beta+\delta)\boldsymbol{I}_N+\gamma c\tilde{\boldsymbol{G}}-\boldsymbol{M}^*<0$. 利用定理 7.3, 在自适应控制器 (7.56) 作用下，Caputo-Hadamard 分数阶复杂网络 (7.65) 全局渐近同步于目标状态 $\boldsymbol{s}(t)$.

定理 7.7 若假设 7.4 和 7.5 成立, 且在自适应控制器 (7.56) 作用下,

$$(\beta+\delta)+c\lambda_{\max}\left(\bar{\boldsymbol{G}}_{nl}\right)<0, \tag{7.69}$$

其中 $\bar{\boldsymbol{G}}_{nl}$ 是矩阵 $\bar{\boldsymbol{G}}=\dfrac{(\boldsymbol{G}\otimes\boldsymbol{A})^{\mathrm{T}}+(\boldsymbol{G}\otimes\boldsymbol{A})}{2}$ 移除前 nl 行 — 列对后得到的最小矩阵，则 Caputo-Hadamard 分数阶复杂网络 (7.65) 全局渐近同步于目标状态 $\boldsymbol{s}(t)$.

注 7.2 在上述结果中，配置矩阵 $\boldsymbol{G}$ 不要求对称或不可约,内部耦合矩阵 $\boldsymbol{A}$ 也不要求对称. 这意味着 Caputo-Hadamard 分数阶复杂网络 (7.53) 可以是有向网络，也可以是无向网络，也可以包含孤立节点或簇. 因此，我们所考虑的模型是一般的和有代表性的.

注 7.3 到目前为止，在复杂网络的牵制控制中仍然存在一些有挑战性的问题，例如“什么类型的节点被牵制控制?”和“求牵制节点的数量”等. 值得注意的是，当节点的出度大于入度的时候，可以将这些节点选为牵制节点[83,100]. 在这里，我们首先将自适应反馈控制运用到零入度的节点上，按照度差（出度减去入度的值）将节点排序，将前 l 个网络节点选为牵制节点.

注 7.4 反馈强度 m_i 自适应到恰当的常数，依赖于初值，而不是选取充分大的牵制反馈增益，这将导致大于实际需要. 常数 n_i 可以通过选择去调整同步速度. 常数 n_i 越大，Caputo-Hadamard 分数阶复杂网络同步速度越快.

注 7.5 如果耦合配置矩阵选择为如下的形式:

$$\boldsymbol{G}=\begin{bmatrix} -(N-1) & 1 & 1 & \cdots & 1 \\ 1 & -1 & 0 & \cdots & 0 \\ \vdots & \vdots & \vdots & \ddots & \vdots \\ 1 & 0 & \cdots & \cdots & -1 \end{bmatrix}_{N\times N}, \quad \boldsymbol{G}=\begin{bmatrix} -1 & 0 & 0 & \cdots & 1 \\ 1 & -1 & 0 & \cdots & 0 \\ \vdots & \vdots & \vdots & \ddots & \vdots \\ 0 & 0 & \cdots & 1 & -1 \end{bmatrix}_{N\times N},$$

则所考虑的复杂网络分别是星形网络和环形网络. 因此我们可以使用这个模型研究 Caputo-Hadamard 分数阶星形网络和环形网络.

7.4 数值模拟

在本节中，基于预估 — 校正算法求解 Caputo-Hadamard 分数阶复杂网络，利用数值例子来说明所提出方法的有效性.

考虑 10 个节点的 Caputo-Hadamard 分数阶复杂网络，每一个节点的动力学用 Lorenz 系统描述：

$$\begin{cases} {}_{CH}D_{t_0,t}^{\alpha}x_{i1} = a\left(x_{i2} - x_{i1}\right), \\ {}_{CH}D_{t_0,t}^{\alpha}x_{i2} = bx_{i1} - x_{i1}x_{i3} - x_{i2}, \\ {}_{CH}D_{t_0,t}^{\alpha}x_{i3} = x_{i1}x_{i2} - cx_{i3}, \end{cases}$$

其中 $i = 1,2,\cdots,10$，参数选择为 $a = 10, b = 200, c = 3/8$. 图 7.1 给出了不同分数阶导数下 Caputo-Hadamard 分数阶 Lorenz 系统的混沌吸引子.

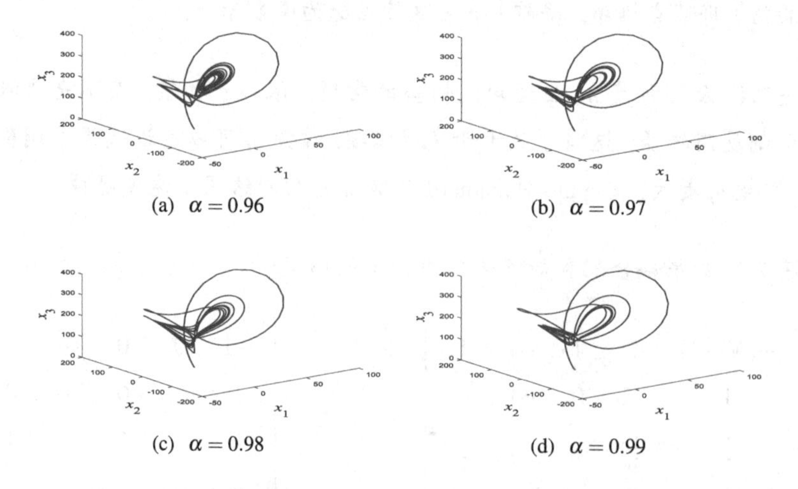

(a) $\alpha = 0.96$ (b) $\alpha = 0.97$

(c) $\alpha = 0.98$ (d) $\alpha = 0.99$

图 7.1 不同分数阶导数下 Caputo-Hadamard 分数阶 Lorenz 系统的混沌吸引子

带有 10 个节点的 Lorenz 类型受控 Caputo-Hadamard 分数阶复杂网络可以写成：

$$ {}_{CH}D_{t_0,t}^{\alpha}\boldsymbol{x}_i(t) = \boldsymbol{B}\boldsymbol{x}_i(t) + \boldsymbol{h}\left(\boldsymbol{x}_i(t)\right) + \varepsilon\sum_{j=1}^{10} g_{ij}\boldsymbol{A}\boldsymbol{x}_j(t) + \boldsymbol{u}_i, \quad i = 1,2,\cdots,10, \tag{7.70}$$

其中 $\boldsymbol{B} = \begin{bmatrix} -a & a & 0 \\ b & -1 & 0 \\ 0 & 0 & -c \end{bmatrix}, a = 10, b = 200, c = 3/8, \boldsymbol{h}\left(\boldsymbol{x}_i\right) = \begin{bmatrix} 0 \\ -x_{i1}x_{i3} \\ x_{i1}x_{i2} \end{bmatrix}$，耦合强度 $\varepsilon = 600$.

为了方便起见，取 $\alpha=0.99$，内部耦合矩阵和耦合配置矩阵分别取为

$$A=\begin{bmatrix}1&0&0\\0&1&0\\0&0&1\end{bmatrix},$$

$$(g_{ij})_{10\times 10}=\begin{bmatrix}-3&1&0&1&0&0&0&1&0&0\\0&-2&1&0&1&0&0&0&0&0\\1&0&-3&0&0&1&1&0&0&0\\0&0&1&-1&0&0&0&0&0&0\\0&1&0&1&-3&0&0&0&1&0\\0&0&1&0&1&-2&0&0&0&0\\0&0&0&0&0&1&-3&1&0&1\\0&1&0&1&0&0&0&-3&1&0\\1&0&1&0&0&0&1&0&-4&1\\0&0&1&1&0&0&0&1&0&-3\end{bmatrix},$$

可得 $\|B\|_2=\beta\doteq 5.1028$ 且 $\|A\|_2=\gamma=1$. 此外，由于混沌系统的轨道有界，存在常数 $M_1=76, M_2=208, M_3=409$ 使得 $\|x_{ij}\|,\|s_j\|\leqslant M_j(1\leqslant i\leqslant 10, 1\leqslant j\leqslant 3)$. 因此，我们可以得到

$$\|\boldsymbol{h}(\boldsymbol{x}_i)-\boldsymbol{h}(\boldsymbol{s})\|_2\leqslant\sqrt{2M_1^2+M_2^2+M_3^2}\,\|\boldsymbol{e}_i\|_2\doteq 471.27\,\|\boldsymbol{e}_i\|_2=\delta\,\|\boldsymbol{e}_i\|_2.$$

注意到节点 3 和节点 4 的出度大于入度，基于注 7.3, 将节点 3 和节点 4 选为牵制节点. 重新安排网络的节点次序为 4, 3, 2, 1, 6, 10, 5, 7, 8, 9. 利用牵制控制条件 (7.67), 可得

$$\lambda_{\max}\left(\tilde{G}_l\right)<-\frac{\beta+\delta}{c\gamma}=-\frac{476.3728}{600}\doteq-0.7940.$$

通过简单的计算，节点 3 和节点 4 可以被选择为牵制节点，即 $l=2$ 且 $\lambda_{\max}\left(\tilde{G}_l\right)=-0.8296<-0.7940$, 满足牵制条件 (7.67). 这意味着我们需要两个节

点即节点 3 和节点 4 实现全局同步. 利用定理 7.6，在自适应控制器的作用下受控网络 (7.70) 可以实现全局同步. 在数值模拟中，参数选取为: $l=2, n_i=2, m_i(0)=1(i=3,4)$, $n_i=m_i(0)=0(i=1,2,5,6,7,8,9,10), \boldsymbol{x}_i(0)=(-5i,-5i,-5i)^{\mathrm{T}}(1\leqslant i\leqslant 5), \boldsymbol{x}_i(0)=(5i,5i+1,5i+2)^{\mathrm{T}}(6\leqslant i\leqslant 10), \boldsymbol{s}(0)=(0.1,0.2,0.3)^{\mathrm{T}}$. 在这里, 定义总体同步误差为 $\|\boldsymbol{E}(t)\|=\sqrt{\sum_{i=1}^{10}\left(e_{i1}^2+e_{i2}^2+e_{i3}^2\right)}$. 图 7.2 和图 7.3 给出了误差 $e_{i1}, e_{i2}, e_{i3}, \|\boldsymbol{E}\|$ 在自适应控制器作用下的时间演化.

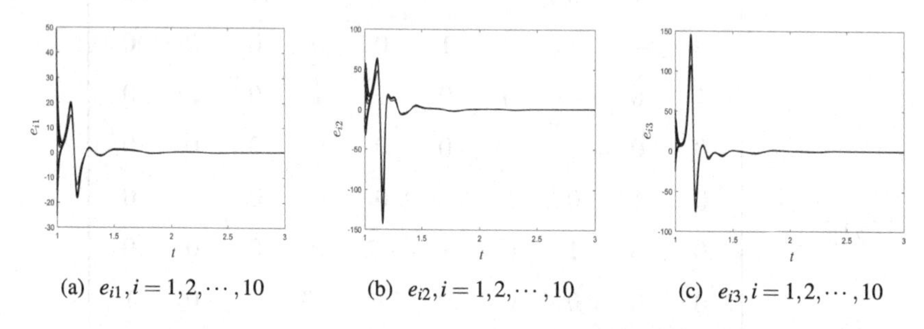

(a) $e_{i1}, i=1,2,\cdots,10$ (b) $e_{i2}, i=1,2,\cdots,10$ (c) $e_{i3}, i=1,2,\cdots,10$

图 7.2 受控的 Caputo-Hadamard 分数阶复杂网络 (7.70) 的同步误差

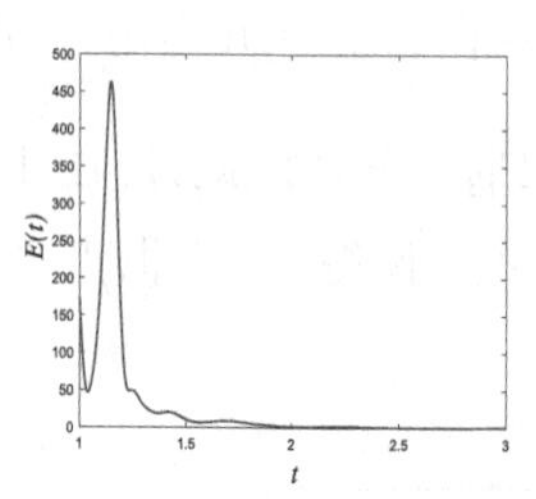

图 7.3 受控的 Caputo-Hadamard 分数阶复杂网络 (7.70) 总体同步误差的时间演化

7.5 小结

这一章研究了 Caputo-Hadamard 分数阶复杂网络的同步. 基于自适应牵制控制器，模型的局部和全局同步条件被给出. 此外，耦合配置矩阵和内部耦合矩阵不需要对称和不可约. 最后，通过数值模拟给出了所提出方法的有效性.

第8章　离散分数阶复杂网络及其同步

近几十年来，复杂网络在互联网、流行病传播、神经网络、通信网络等领域被广泛应用，这引起了许多研究者的关注[101–103]. 同步是一种典型的集体行为，是复杂网络中最重要的动态特征之一[104–106]. 事实上，不确定性因素不可避免地存在于现实网络中，是阻碍和破坏同步的主要因素. 研究不确定复杂网络的同步可以有效地防止这种情况[34,107–109]. 复杂网络中未知参数的辨识已引起各方面的研究关注. Sun 等人[107] 采用自适应广义射影同步来识别不同混沌系统中的参数. Liu 等人[108] 提出了一种新的自适应反馈方法来识别具有时滞的不确定复杂动态网络的拓扑结构. Zhu 等人[109] 研究了一种避免网络同步导致的识别失败的新方法.

值得注意的是，复杂网络的结构在现实世界中主要分为两种情况，一种是连续时间的，另一种是离散时间的[110–113]. 在许多已发表的论文中，通常假设复杂的动态网络在连续时间内运行，这对现实世界的认知有很大局限性. 离散时间复杂网络可以为基于计算机的仿真和计算提供更可靠的性能[114–116]，例如分布式计算、图像处理、数字传输信号和系统识别. 此外，同步是离散时间系统中的一种常见现象，在过去的 20 年中引起了广泛的关注.

在现实问题中，系统的当前状态依赖于它过去的所有信息，这就是记忆效应. 离散分数微积分为描述记忆效应提供了一个强有力的工具，Diaz 和 Osier 于 1974 年提出了记忆效应[117]，它能有效地描述高度复杂系统的动力学特性. 目前，对离散分数系统的研究越来越活跃[118,119]. 李常品等人[118] 在分数阶离散映射中显示混沌. Baleanu 等人[112] 研究了 Caputo 型离散分数阶系统的稳定性分析. Wei 等人[113] 应用 Lyapunov 稳定性理论，提出了一些新的判据，导出了 Nabla 离散分数阶动态系统的 Mittag-Leffler 稳定性. Gu 等人[115] 分别推导出了有时滞和无时滞的离散分数阶神经网络的同步条件. Wei 等人[120] 讨论了非线性离散分数阶系统的有界性和稳定性判据.

分数阶复杂网络同步问题的现有研究成果主要集中在连续时间情况下[104–106]. 然而，对于离散分数系统的同步问题的研究很少[121–123]. Wu 等人[124] 采用非线性耦合方法研究了分数阶差分方程的主从同步问题. Khennaoui 等人[121] 提出了不同的控制律来实现三个离散分数阶映射的镇定和同步. 离散分数阶复杂网络更适合描述大规模系统中的存储特性. 据我们所知，还没有论文讨论过离散分数阶复杂网络. 不确定拓扑在网络中普遍存在. 因此，对具有或不具有未知拓扑结构的离散分数阶复杂网络进行研究是一个很有前途的课题. 本章对此进行了讨论. 主要创新点如下: ①首次提出了离散分数型复杂网络模型，该模型可以描述离散网络的长记忆特性. ②提出了离散分数阶复杂网络同步分析的框架. 利用 Lyapunov 直接法推导了具有和不具有未知拓扑结构的离散分数阶复杂网络的同步条件. 特别地，该策略可以识别离散分数阶复杂网络中的未知拓扑. ③在数值实验中，采用两种新的离散分数阶混沌映射作为离散分数阶复杂网络的动力系统, 分析了离散分数阶对同步和拓扑识别的影响. 这一章的主要内容由作者和李志明共同完成[125].

8.1 准备工作

给出离散分数阶微积分的一些基本定义，并在本节中介绍一些引理. 设 $\mathbb{N}_a=\{a,a+1,a+2,\cdots\},a\in\mathbb{R}$ 为离散集，Δ 表示正向差分算子，即 $\Delta f(n)=f(n+1)-f(n)$. 分数阶下降函数 $k^{(\nu)}$ 定义为 $k^{(\nu)}=\dfrac{\Gamma(k+1)}{\Gamma(k+1-\nu)}$，其中 $\Gamma(\cdot)$ 是 Gamma 函数.

定义 8.1 [126] 对于函数 $f:\mathbb{N}_a\to\mathbb{R}$, Caputo 类型分数差分 ${}^C\Delta_a^\nu f(k)$ 的定义由下式给出

$$
{}^C\Delta_a^\nu f(k)=\frac{1}{\Gamma(1-\nu)}\sum_{s=a}^{k-(1-\nu)}(k-s-1)^{(-\nu)}\Delta f(s),
$$

其中 $\nu\in(0,1)$ 和 $k\in\mathbb{N}_{a+1-\nu}$.

考虑如下的非线性离散分数阶系统:

$$
\begin{cases}
{}^C\Delta_a^\nu x(k)=f(k^+,x(k^+)),\\
x(a)=x_0,
\end{cases}
\tag{8.1}
$$

其中 $\nu\in(0,1), k^+=k+\nu-1, k\in\mathbb{N}_{a+1-\nu}$ 且 x_0 是初值.

引理 8.1 [127] 对于 $0<v<1$，以及任意离散时间 $k\in\mathbb{N}_{a+1-v}$，下列离散 Caputo 分数不等式成立

$$^{C}\Delta_{a}^{v}x^{2}(k)\leqslant 2x(k^{+})\,^{C}\Delta_{a}^{v}x(k). \tag{8.2}$$

引理 8.2 [128] 假设 $\boldsymbol{x}$ 和 $\boldsymbol{y}$ 是具有相同维数的向量，那么对于任意正定矩阵 $\boldsymbol{P}$，有

$$2\boldsymbol{x}^{\mathrm{T}}\boldsymbol{y}\leqslant \boldsymbol{x}^{\mathrm{T}}\boldsymbol{P}\boldsymbol{x}+\boldsymbol{y}^{\mathrm{T}}\boldsymbol{P}^{-1}y. \tag{8.3}$$

引理 8.3 [124] 分数阶差分系统 (8.1) 的等效方程为

$$x(k)=x_0+\frac{1}{\Gamma(v)}\sum_{s=a+1-v}^{k-v}(k-s-1)^{(v-1)}f(s^{+},x(s^{+})). \tag{8.4}$$

引理 8.4 [127] 设 $x=0$ 为系统 (8.1) 的平衡点. 若存在正定递减标量函数 $V(k,x(k))$，则离散 K 类函数 α_1、α_2 和 α_3 满足

$$\alpha_1(\|x(k)\|)\leqslant V(k,x(k))\leqslant \alpha_2(\|x(k)\|), \tag{8.5}$$

和

$$^{C}\Delta_{a}^{v}V(k,x(k))\leqslant -\alpha_3(\|x(k^{+})\|),\quad k\in\mathbb{N}_{a+1-v}, \tag{8.6}$$

则平衡点渐近稳定.

引理 8.5 若 $k\in\mathbb{N}_{a+1}$, 则

$$^{C}\Delta_{a}^{v}[\boldsymbol{h}^{\mathrm{T}}(k)\boldsymbol{h}(k)]\leqslant 2\boldsymbol{h}^{\mathrm{T}}(k^{+})\,^{C}\Delta_{a}^{v}\boldsymbol{h}(k), \tag{8.7}$$

其中 $0<v<1$ 且 $\boldsymbol{h}(k)=[h_1(k),h_2(k),\cdots,h_n(k)]^{\mathrm{T}}\in\mathbb{R}^n$.

证明: 若 $k\in\mathbb{N}_{a+1-v}$ 和 $0<v<1$, 利用引理 8.1, 可得

$$\begin{aligned}^{C}\Delta_{a}^{v}\left[\boldsymbol{h}^{\mathrm{T}}(k)\boldsymbol{h}(k)\right]&={}^{C}\Delta_{a}^{v}\Big[\sum_{j=1}^{n}h_j^2(k)\Big]\\&\leqslant\sum_{j=1}^{n}\left[2h_j(k^{+})\,^{C}\Delta_{a}^{v}h_j(k)\right]\end{aligned}$$

$$=2\boldsymbol{h}^{\mathrm{T}}(k^{+})^{C}\Delta_{a}^{\nu}\boldsymbol{h}(k).$$

引理得证.

考虑一个离散的分数驱动复杂网络，由 N 个 n 维的节点组成:

$$^{C}\Delta_{a}^{\nu}\boldsymbol{x}_{i}(k)=\boldsymbol{f}(\boldsymbol{x}_{i}(k^{+}))+\varepsilon\sum_{j=1}^{N}c_{ij}\boldsymbol{A}\boldsymbol{x}_{j}(k^{+}), \tag{8.8}$$

其中 $k\in\mathbb{N}_{a+1-\nu}$, $0<\nu<1$, $\boldsymbol{x}_i(k)=(x_{i1}(k),x_{i2}(k),\cdots,x_{in}(k))^{\mathrm{T}}\in\mathbb{R}^n$ 为第 i 个节点的状态向量, $\boldsymbol{f}:\mathbb{R}^n\to\mathbb{R}^n$ 为非线性向量函数, $\boldsymbol{A}$ 为内耦合矩阵, ε 为耦合强度. $\boldsymbol{C}=(c_{ij})_{N\times N}\in\mathbb{R}^{N\times N}$ 表示拓扑结构，其中 $c_{ij}>0(i\neq j)$. 如果节点 i 和 j 之间存在连接，则为 $c_{ij}=0(i\neq j)$; 对角线元素 c_{ii} 定义为 $c_{ii}=-\sum\limits_{j=1,j\neq i}^{N}c_{ij}, i=1,2,\cdots,N$.

为了实现离散分数阶复杂网络的同步，我们需要以下假设:

(H1) : 假设存在一个常数 L 满足

$$\|\boldsymbol{f}(\boldsymbol{u}(k^{+}))-\boldsymbol{f}(\boldsymbol{v}(k^{+}))\|\leqslant L\|\boldsymbol{u}(k^{+})-\boldsymbol{v}(k^{+})\|, \tag{8.9}$$

其中 $\boldsymbol{u},\boldsymbol{v}\in\mathbb{R}^n$.

(H2) : 假设向量簇 $\{\boldsymbol{A}\boldsymbol{x}_i(k^{+})\}_{i=1}^{N}$ 在轨道 $\{\boldsymbol{x}_i(k^{+})\}_{i=1}^{N}$ 上是相互独立的同步流形$\{\boldsymbol{x}_i(k^{+})=\boldsymbol{y}_i(k^{+})\}_{i=1}^{N}$.

注 8.1 需要指出的是, (H2) 中的线性无关条件是保证离散分数阶复杂网络识别未知拓扑的必要条件.

注 8.2 当取分数阶 $\nu=1$ 时，网络 (8.8) 变为经典的离散时间复杂网络.

8.2 主要结果

本节研究无拓扑和拓扑未知的离散分数阶复杂网络的外部同步问题. 基于上述引理和假设，提出了以下定理，以保证驱动网络和响应网络能够实现同步.

8.2.1 拓扑结构已知情形

考虑如下与方程 (8.8) 对应的离散分数响应网络:

$$^{C}\Delta_a^{\nu}\boldsymbol{y}_i(k)=\boldsymbol{f}(\boldsymbol{y}_i(k^+))+\varepsilon\sum_{j=1}^{N}c_{ij}\boldsymbol{A}\boldsymbol{y}_j(k^+)+\boldsymbol{u}_i(k^+), \tag{8.10}$$

其中 $k\in\mathbb{N}_{a+1-\nu},\boldsymbol{y}_i(k)\in\mathbb{R}^n$ 是离散的状态变量, 且 $\boldsymbol{u}_i(k^+)$ 是待设计的控制器.

定义 8.2 如果离散分数阶复杂网络 (8.8) 和网络 (8.10) 中的状态变量 $\boldsymbol{x}_i(k)$ 和 $\boldsymbol{y}_i(k)$ 满足不等式

$$\|\boldsymbol{y}_i(k)-\boldsymbol{x}_i(k)\|\to 0,\qquad 当\ k\to\infty,$$

其中 $i=1,2,\cdots,N$, 则网络 (8.8) 和网络 (8.10) 的同步被实现.

定理 8.1 假设 (H1) 和 $\rho=\max_{1\leqslant i\leqslant N}\{L-d_i-\frac{c_{ii}}{2}+\frac{c_{ii}}{2}\lambda_{\min}(\boldsymbol{A}+\boldsymbol{A}^{\mathrm{T}})-\frac{c_{ii}}{2}\lambda_{\max}(\boldsymbol{A}^{\mathrm{T}}\boldsymbol{A})\}<0$ 成立, 在控制器

$$\boldsymbol{u}_i(k^+)=-d_i\boldsymbol{e}_i(k^+) \tag{8.11}$$

的作用下, 则离散分数阶复杂网络 (8.8) 和网络 (8.10) 可以实现同步.

证明: 利用离散的分数阶复杂网络 (8.8) 和网络 (8.10), 误差网络可以被刻画为

$$^{C}\Delta_a^{\nu}\boldsymbol{e}_i(k)=\boldsymbol{f}(\boldsymbol{x}_i(k^+))+\varepsilon\sum_{j=1}^{N}c_{ij}\boldsymbol{A}\boldsymbol{e}_j(k^+)+\boldsymbol{u}_i(k^+). \tag{8.12}$$

其中 $i=1,2,\cdots,N$, $\boldsymbol{e}_i(k)=\boldsymbol{y}_i(k)-\boldsymbol{x}_i(k)$ 和 $\boldsymbol{f}(\boldsymbol{x}_i(k^+))=\boldsymbol{f}(\boldsymbol{y}_i(k^+))-\boldsymbol{f}(\boldsymbol{x}_i(k^+))$. 对于误差网络 (8.12), 考虑如下的 Lyapunov 函数:

$$V(k)=\frac{1}{2}\sum_{i=1}^{N}\boldsymbol{e}_i^{\mathrm{T}}(k)\boldsymbol{e}_i(k). \tag{8.13}$$

利用引理 8.5, 方程 (8.11) 和方程 (8.12), 可得

$$
\begin{aligned}
&{}^{C}\Delta_a^{v}V(k)\\
\leqslant&\sum_{i=1}^{N}\boldsymbol{e}_i^{\mathrm{T}}(k^+)\,{}^{C}\Delta_a^{v}\boldsymbol{e}_i(k)\\
=&\sum_{i=1}^{N}\boldsymbol{e}_i^{\mathrm{T}}(k^+)\Big[\boldsymbol{f}_i(k^+)+\varepsilon\sum_{j=1}^{N}c_{ij}\boldsymbol{A}\boldsymbol{e}_j(k^+)-d_i\boldsymbol{e}_i(k^+)\Big]\\
=&\sum_{i=1}^{N}\Big[\boldsymbol{e}_i^{\mathrm{T}}(k^+)\boldsymbol{f}_i(k^+)+\varepsilon\sum_{j=1}^{N}c_{ij}\boldsymbol{e}_i^{\mathrm{T}}(k^+)\boldsymbol{A}\boldsymbol{e}_j(k^+)-d_i\boldsymbol{e}_i^{\mathrm{T}}(k^+)\boldsymbol{e}_i(k^+)\Big]\\
=&\sum_{i=1}^{N}\Big[\boldsymbol{e}_i^{\mathrm{T}}(k^+)\boldsymbol{f}_i(k^+)+\varepsilon\sum_{j=1,j\neq i}^{N}c_{ij}\boldsymbol{e}_i^{\mathrm{T}}(k^+)\boldsymbol{A}\boldsymbol{e}_j(k^+)\\
&+\varepsilon c_{ii}\boldsymbol{e}_i^{\mathrm{T}}(k^+)\boldsymbol{A}\boldsymbol{e}_i(k^+)-d_i\boldsymbol{e}_i^{\mathrm{T}}(k^+)\boldsymbol{e}_i(k^+)\Big].
\end{aligned}
$$

利用假设 (8.9), 可得

$$
\begin{aligned}
&\boldsymbol{e}_i^{\mathrm{T}}(k^+)\boldsymbol{f}_i(k^+)=(\boldsymbol{e}_i(k^+),\boldsymbol{f}_i(k^+))\\
\leqslant&\|\boldsymbol{e}_i(k^+)\|\,\|\boldsymbol{f}_i(k^+)\|\leqslant L\|\boldsymbol{e}_i(k^+)\|^2=L\boldsymbol{e}_i^{\mathrm{T}}(k^+)\boldsymbol{e}_i(k^+).
\end{aligned}\tag{8.14}
$$

使用引理 8.2 和式 (8.14), 可得

$$
\begin{aligned}
&{}^{C}\Delta_a^{v}V(k)\\
\leqslant&\sum_{i=1}^{N}\Big[\boldsymbol{e}_i^{\mathrm{T}}(k^+)\boldsymbol{f}_i(k^+)-d_i\boldsymbol{e}_i^{\mathrm{T}}(k^+)\boldsymbol{e}_i(k^+)\\
&+\frac{\varepsilon}{2}\sum_{j=1,j\neq i}^{N}c_{ij}\boldsymbol{e}_i^{\mathrm{T}}(k^+)\boldsymbol{e}_i(k^+)+\frac{\varepsilon}{2}\sum_{j=1,j\neq i}^{N}c_{ij}\boldsymbol{e}_j^{\mathrm{T}}(k^+)\boldsymbol{A}^{\mathrm{T}}\boldsymbol{A}\boldsymbol{e}_j(k^+)\\
&+\frac{\varepsilon c_{ii}}{2}\boldsymbol{e}_i^{\mathrm{T}}(k^+)(\boldsymbol{A}^{\mathrm{T}}+\boldsymbol{A})\boldsymbol{e}_i(k^+)\Big]\\
\leqslant&\sum_{i=1}^{N}\Big[(L-d_i-\frac{\varepsilon}{2}c_{ii})\boldsymbol{e}_i^{\mathrm{T}}(k^+)\boldsymbol{e}_i(k^+)-\frac{\varepsilon}{2}c_{ii}\boldsymbol{e}_i^{\mathrm{T}}(k^+)\boldsymbol{A}^{\mathrm{T}}\boldsymbol{A}\boldsymbol{e}_i(k^+)\\
&+\frac{\varepsilon c_{ii}}{2}\boldsymbol{e}_i^{\mathrm{T}}(k^+)(\boldsymbol{A}^{\mathrm{T}}+\boldsymbol{A})\boldsymbol{e}_i(k^+)\Big]\\
=&\sum_{i=1}^{N}\Big[(L-d_i-\frac{\varepsilon c_{ii}}{2}+\frac{\varepsilon c_{ii}}{2}\lambda_{\min}(\boldsymbol{A}+\boldsymbol{A}^{\mathrm{T}}))\boldsymbol{e}_i^{\mathrm{T}}(k^+)\boldsymbol{e}_i(k^+)
\end{aligned}
$$

$$-\frac{\varepsilon c_{ii}}{2}\lambda_{\max}(\boldsymbol{A}^{\mathrm{T}}\boldsymbol{A})\boldsymbol{e}_i^{\mathrm{T}}(k^+)\boldsymbol{e}_i(k^+)\Big]. \tag{8.15}$$

令 $\rho=\max\limits_{1\leqslant i\leqslant N}\{L-d_i-\frac{\varepsilon c_{ii}}{2}+\frac{\varepsilon c_{ii}}{2}\lambda_{\min}(\boldsymbol{A}+\boldsymbol{A}^{\mathrm{T}})-\frac{\varepsilon c_{ii}}{2}\lambda_{\max}(\boldsymbol{A}^{\mathrm{T}}\boldsymbol{A})\}$, 则 (8.15) 可以简写为

$$^{C}\Delta_a^{\nu}V(k)\leqslant\rho\sum_{i=1}^{N}\boldsymbol{e}_i^{\mathrm{T}}(k^+)\boldsymbol{e}_i(k^+). \tag{8.16}$$

显然，存在足够大的常数 $d_i>0$ 使得 $\rho<0$，即引理 (8.12) 成立，它保证了误差网络 (8.12) 的渐近稳定性. 因此，实现了离散分数阶复杂网络 (8.8) 和网络 (8.10) 的同步.

8.2.2 拓扑结构未知情形

基于同步的方法，构造拓扑未知的响应网络如下:

$$^{C}\Delta_a^{\nu}\boldsymbol{y}_i(k)=\boldsymbol{f}(\boldsymbol{y}_i(k^+))+\varepsilon\sum_{j=1}^{N}\hat{c}_{ij}\boldsymbol{A}\boldsymbol{y}_j(k^+)+\boldsymbol{u}_i(k^+), \tag{8.17}$$

其中 $k\in\mathbb{N}_{a+1-\nu}$, $\hat{c}_{ij}$ 是待识别的未知拓扑, 且 $\boldsymbol{u}_i(k^+)$ 是控制器.

相应的, 误差网络是

$$^{C}\Delta_a^{\nu}\boldsymbol{e}_i(k)=\boldsymbol{f}(\boldsymbol{y}_i(k^+))-\boldsymbol{f}(\boldsymbol{x}_i(k^+))+\varepsilon\sum_{j=1}^{N}\left[\hat{c}_{ij}\boldsymbol{A}\boldsymbol{y}_j(k^+)-c_{ij}\boldsymbol{A}\boldsymbol{x}_j(k^+)\right]+\boldsymbol{u}_i(k^+). \tag{8.18}$$

定理 8.2 若假设 (H1)、(H2) 成立, 且网络 (8.17) 中的控制器和未知拓扑设定为:

$$\begin{cases}\boldsymbol{u}_i(k^+)=-d_i\boldsymbol{e}_i(k^+),\\ ^{C}\Delta_a^{\nu}\hat{c}_{ij}=-\varepsilon\boldsymbol{e}_i^{\mathrm{T}}(k^+)\boldsymbol{A}\boldsymbol{y}_j(k^+),\qquad j=1,2,\cdots,N.\end{cases} \tag{8.19}$$

其中 $\boldsymbol{e}_i(k)=\boldsymbol{y}_i(k)-\boldsymbol{x}_i(k)$, $\gamma_i>0$, 且 d_i 是实数, 则离散分数阶复杂网络 (8.8) 和网络 (8.17) 可以实现同步. 与此同时, 响应网络 (8.17) 中的未知参数 $\hat{c}_{ij}$ 被成功识别.

证明: 构造一个 Lyapunov 函数

$$V(k)=\frac{1}{2}\sum_{i=1}^{N}\boldsymbol{e}_i^{\mathrm{T}}(k)\boldsymbol{e}_i(k)+\frac{1}{2}\sum_{i=1}^{N}\sum_{j=1}^{N}(\hat{c}_{ij}-c_{ij})^2, \tag{8.20}$$

其中 $i=1,2,3,\cdots,N$.

沿着误差网络 (8.18) 的轨道计算 $V(k)$ 的离散分数阶导数，由引理 8.5，假设 (H1) 和网络 (8.19) 可得

$$\begin{aligned}
&{}^{C}\Delta_a^{\nu}V(k)\\
\leqslant&\sum_{i=1}^{N}\boldsymbol{e}_i^{\mathrm{T}}(k^+)\,{}^{C}\Delta_a^{\nu}\boldsymbol{e}_i(k)+\sum_{i=1}^{N}\sum_{j=1}^{N}(\hat{c}_{ij}-c_{ij})\,{}^{C}\Delta_a^{\nu}\hat{c}_{ij}\\
=&\sum_{i=1}^{N}\boldsymbol{e}_i^{\mathrm{T}}(k^+)\Big[\boldsymbol{f}_i(k^+)-d_i\boldsymbol{e}_i(k^+)+\varepsilon\sum_{j=1}^{N}(\hat{c}_{ij}\boldsymbol{A}\boldsymbol{y}_j(k^+)-c_{ij}\boldsymbol{A}\boldsymbol{x}_j(k^+))\Big]\\
&-\varepsilon\sum_{i=1}^{N}\sum_{j=1}^{N}(\hat{c}_{ij}-c_{ij})\boldsymbol{e}_i^{\mathrm{T}}(k^+)\boldsymbol{A}\boldsymbol{y}_j(k^+)\\
=&\sum_{i=1}^{N}\boldsymbol{e}_i^{\mathrm{T}}(k^+)\boldsymbol{f}_i(k^+)-\sum_{i=1}^{N}d_i\boldsymbol{e}_i^{\mathrm{T}}(k^+)\boldsymbol{e}_i(k^+)\\
&+\varepsilon\sum_{i=1}^{N}\sum_{j=1}^{N}\Big[\hat{c}_{ij}\boldsymbol{e}_i^{\mathrm{T}}(k^+)\boldsymbol{A}\boldsymbol{y}_j(k^+)-c_{ij}\boldsymbol{e}_i^{\mathrm{T}}(k^+)\boldsymbol{A}\boldsymbol{x}_j(k^+)\Big]\\
&-\varepsilon\sum_{i=1}^{N}\sum_{j=1}^{N}(\hat{c}_{ij}-c_{ij})\boldsymbol{e}_i^{\mathrm{T}}(k^+)\boldsymbol{A}\boldsymbol{y}_j(k^+)\\
\leqslant&(L-d^*)\sum_{i=1}^{N}\boldsymbol{e}_i^{\mathrm{T}}(k^+)\boldsymbol{e}_i(k^+)+\varepsilon\sum_{i=1}^{N}\sum_{j=1}^{N}c_{ij}\boldsymbol{e}_i^{\mathrm{T}}(k^+)\boldsymbol{A}\boldsymbol{y}_j(k^+)\\
&-\varepsilon\sum_{i=1}^{N}\sum_{j=1}^{N}c_{ij}\boldsymbol{e}_i^{\mathrm{T}}(k^+)\boldsymbol{A}\boldsymbol{x}_j(k^+)\\
=&(L-d^*)\sum_{i=1}^{N}\boldsymbol{e}_i^{\mathrm{T}}(k^+)\boldsymbol{e}_i(k^+)+\varepsilon\sum_{i=1}^{N}\sum_{j=1}^{N}c_{ij}\boldsymbol{e}_i^{\mathrm{T}}(k^+)\boldsymbol{A}\boldsymbol{e}_j(k^+)\\
=&(L-d^*)\sum_{i=1}^{N}\boldsymbol{e}_i^{\mathrm{T}}(k^+)\boldsymbol{e}_i(k^+)+\varepsilon\sum_{i=1}^{N}c_{ii}\boldsymbol{e}_i^{\mathrm{T}}(k^+)\boldsymbol{A}\boldsymbol{e}_i(k^+),
\end{aligned} \tag{8.21}$$

其中 $d^*=\min_i\{d_i\}$.

令 $\boldsymbol{e}(k)=[\boldsymbol{e}_1^{\mathrm{T}}(k),\boldsymbol{e}_2^{\mathrm{T}}(k),\cdots,\boldsymbol{e}_N^{\mathrm{T}}(k)]^{\mathrm{T}}\in\mathbb{R}^{nN}$ 且 $\boldsymbol{Q}=\boldsymbol{C}_{N\times N}\otimes\boldsymbol{A}$, 其中 $\otimes$ 是 Kronecker 积. 因此, 方程 (8.21) 可以被改写为

$$\begin{aligned}
&{}^C\Delta_a^{\nu}V(k)\\
\leqslant&(L-d^*)\boldsymbol{e}^{\mathrm{T}}(k^+)\boldsymbol{e}(k^+)+\varepsilon\boldsymbol{e}^{\mathrm{T}}(k^+)\boldsymbol{Q}\boldsymbol{e}(k^+)\\
=&(L-d^*)\boldsymbol{e}^{\mathrm{T}}(k^+)\boldsymbol{e}(k^+)+\varepsilon\boldsymbol{e}^{\mathrm{T}}(k^+)\frac{(\boldsymbol{Q}+\boldsymbol{Q}^{\mathrm{T}})}{2}\boldsymbol{e}(k^+)\\
\leqslant&(L-d^*)\boldsymbol{e}^{\mathrm{T}}(k^+)\boldsymbol{e}(k^+)+\frac{\varepsilon}{2}\lambda_{\max}(\boldsymbol{Q}+\boldsymbol{Q}^{\mathrm{T}})\boldsymbol{e}^{\mathrm{T}}(k^+)\boldsymbol{e}(k^+)\\
=&\left[L-d^*+\frac{\varepsilon}{2}\lambda_{\max}(\boldsymbol{Q}+\boldsymbol{Q}^{\mathrm{T}})\right]\boldsymbol{e}^{\mathrm{T}}(k^+)\boldsymbol{e}(k^+).
\end{aligned}$$

当参数 d^* 被选择为 $d^*=-L-\frac{\varepsilon}{2}\lambda_{\max}(\boldsymbol{Q}+\boldsymbol{Q}^{\mathrm{T}})-1$, 可得

$${}^C\Delta_a^{\nu}V(k)\leqslant-\boldsymbol{e}^{\mathrm{T}}(k^+)\boldsymbol{e}(k^+).$$

利用引理 8.4, 误差网络 (8.18) 达到渐近稳定, 即离散分数阶复杂网络 (8.8) 和网络 (8.17) 的同步被实现.

进一步, 误差网络 (8.18) 在稳定的同步流形上面可以被改写为

$$\sum_{j=1}^{N}(\hat{c}_{ij}-c_{ij})\boldsymbol{A}\boldsymbol{x}_j(k^+)=0. \tag{8.22}$$

利用假设 (H2), 可以推断响应网络 (8.17) 中的未知拓扑 $\hat{c}_{ij}$ 可以被成功识别到驱动网络 (8.8) 中的参数 c_{ij}.

注 8.3 注意到未知参数 $\hat{c}_{ij}$ 可以由给定的 c_{ij} 根据线性代数理论和混沌的遍历性质来识别, 即 $\hat{c}_{ij}=c_{ij},i,j=1,2,\cdots,n$.

8.3 离散分数阶复杂网络的数值算法

在本节中，给出了离散分数阶复杂网络的数值算法.

利用引理 8.3 实现数值模拟, 方程 (8.11) 的等价形式是

$$\boldsymbol{x}_i(k)=\boldsymbol{x}_i(a)+\frac{1}{\Gamma(v)}\sum_{s=a+1-v}^{k-v}(k-s-1)^{(v-1)}\Big[\boldsymbol{f}(\boldsymbol{x}_i(s^+))+\varepsilon\sum_{j=1}^{N}c_{ij}\boldsymbol{A}\boldsymbol{x}_j(s^+)\Big],\tag{8.23}$$

其中$i=1,2,\cdots,N$. 为了方便起见, 当 $s+v\in\mathbb{N}$, $a=0$, 且 $s+v=l$, 利用等式

$$\frac{(k-s-1)^{(v-1)}}{\Gamma(v)}=\frac{\Gamma(k-l+v)}{\Gamma(v)\Gamma(k-l+1)}=\frac{1}{(k-l+v)\boldsymbol{B}(v,k-l+1)},$$

方程 (8.23) 可以被改写为

$$\boldsymbol{x}_i(n)=\boldsymbol{x}_i(0)+\sum_{l=1}^{n}\frac{1}{(k-l+v)\boldsymbol{B}(v,n-l+1)}\Big[\boldsymbol{f}(\boldsymbol{x}_i(l-1))+\varepsilon\sum_{j=1}^{N}c_{ij}\boldsymbol{A}\boldsymbol{x}_j(l-1)\Big],\tag{8.24}$$

其中 $\boldsymbol{B}$ 是 Beta 函数.

类似地, 可以得到网络 (8.10) 和网络 (8.17) 的算法.

8.4 数值模拟

为了验证所提方法的有效性，给出了两个算例的数值模拟.

例 8.1 将离散的分数阶 Lorenz 映射[121] 作为动力系统

$$\begin{cases}{}^{C}\Delta_a^v\, x_1(k)=abx_1(k^+)-bx_1(k^+)x_2(k^+),\\ {}^{C}\Delta_a^v\, x_2(k)=-bx_2(k^+)+bx_1^2(k^+).\end{cases}\tag{8.25}$$

在图 8.1 中显示了离散分数阶 Lorenz 系统 (8.25) 的相位图，可以看出离散分数阶映射阶数的轻微变化可以导致显著差异.

响应网络为

$${}^{C}\Delta_a^v\,\boldsymbol{y}_i(k)=\begin{pmatrix}aby_{i1}(k^+)-by_{i1}(k^+)y_{i2}(k^+)\\ -by_{i2}(k^+)+by_{i1}^2(k^+)\end{pmatrix}+\varepsilon\sum_{j=1}^{3}\hat{c}_{ij}\boldsymbol{A}\boldsymbol{y}_j(k^+)-d_i\boldsymbol{e}_i(k^+),\tag{8.26}$$

其中 $\boldsymbol{y}_i(k)=[y_{i1}(k),y_{i2}(k)]^{\mathrm{T}}$, $i=1,2,3$, $a=1.2$, $b=0.7$, $\varepsilon=0.001$, 且 $\boldsymbol{A}=\boldsymbol{I}$. 驱动网络和响应网络的初值被各自选取为 $[x_{i1}(0),x_{i2}(0)]^{\mathrm{T}}=[0.1+0.01(i-1),0+0.01(i-$

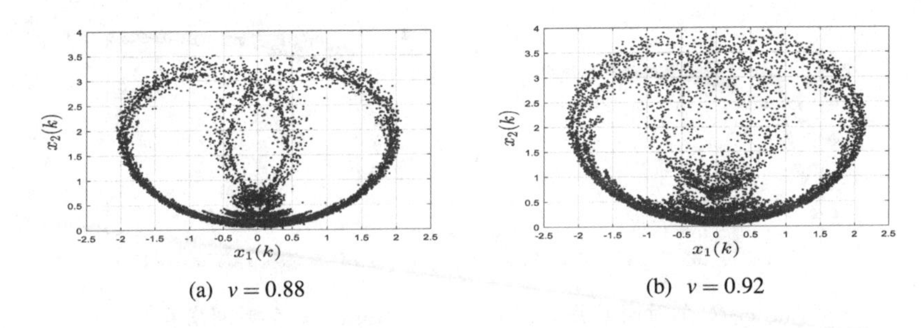

(a) $v=0.88$ (b) $v=0.92$

图 8.1 当 $[x_1(0),x_2(0)]^{\mathrm{T}}=[0.1,0]^{\mathrm{T}}$ 和不同分数阶阶数时，离散分数阶 Lorenz 映射的相位图

$1)]^{\mathrm{T}}$ 和 $[y_{i1}(0),y_{i2}(0)]^{\mathrm{T}}=[0.12+0.01(i-1),0.01+0.01(i-1)]^{\mathrm{T}}$. 拓扑矩阵被选择为

$$
\boldsymbol{C}=\begin{pmatrix}-2 & 1 & 1\\ 1 & -3 & 2\\ 1 & 0 & -1\end{pmatrix}.
$$

令 $d_i=1,i=1,2,3$, 图 8.2 给出了不同分数阶阶数下的误差轨道. 当拓扑结构已知时，离散分数网络 (8.8) 和网络 (8.26) 之间的同步实现就显而易见了.

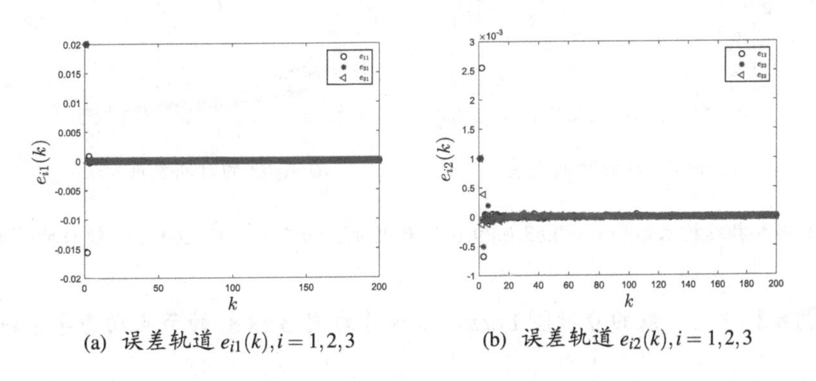

(a) 误差轨道 $e_{i1}(k),i=1,2,3$ (b) 误差轨道 $e_{i2}(k),i=1,2,3$

图 8.2 拓扑结构已知时，在控制器 (8.11) 作用下，网络 (8.8) 和网络 (8.26) 的误差轨道

从图 8.3 可以看出，拓扑结构中的未知参数全部被成功识别. 此外，还考虑了不同分数阶对同步效应的影响，以及分数阶的变化明显影响识别速度.

从图 8.4 可以看出，控制器 (8.19) 下的网络 (8.8) 和网络 (8.26) 的误差轨迹逐渐趋于 0, 说明驱动网络 (8.8) 和拓扑未知的响应网络 (8.26) 可以同步.

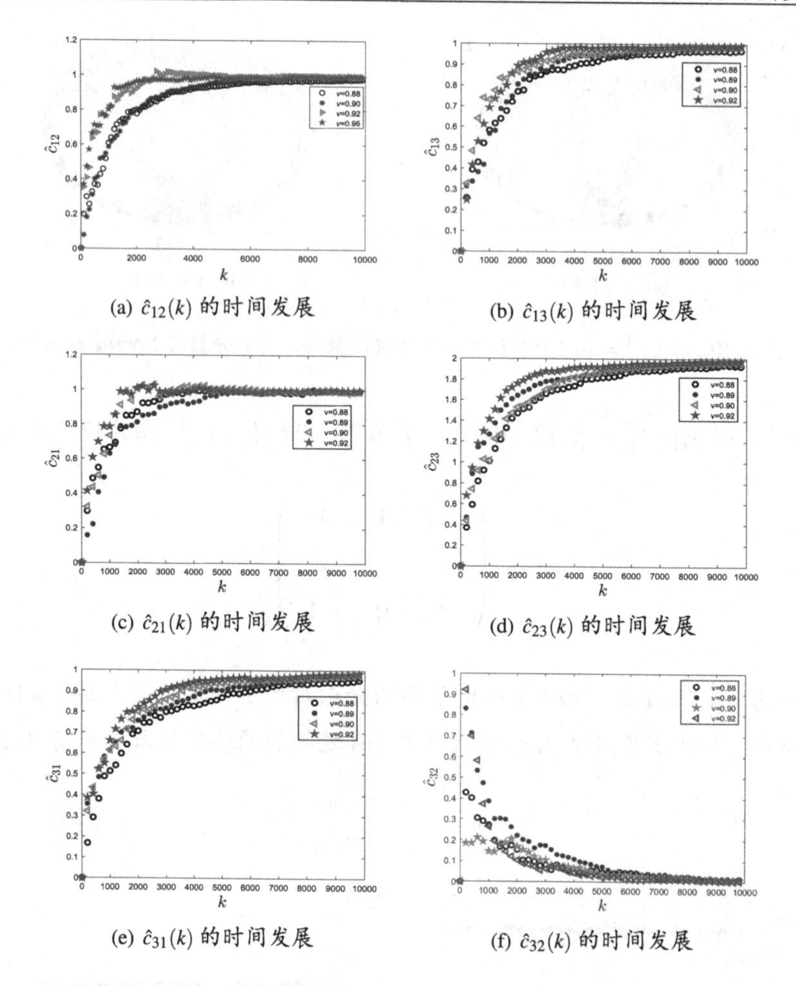

(a) $\hat{c}_{12}(k)$ 的时间发展　(b) $\hat{c}_{13}(k)$ 的时间发展

(c) $\hat{c}_{21}(k)$ 的时间发展　(d) $\hat{c}_{23}(k)$ 的时间发展

(e) $\hat{c}_{31}(k)$ 的时间发展　(f) $\hat{c}_{32}(k)$ 的时间发展

图 8.3 当拓扑结构未知和 $v=0.88,0.89,0.90,0.92$ 时，响应网络 (8.26) 中参数的时间演化

例 8.2 考虑离散的分数阶 Lorenz 系统作为网络 (8.8) 的节点动力学系统

$$ {}^{C}\Delta_a^v \boldsymbol{x}(k)=\boldsymbol{B}\boldsymbol{x}(k^+)+\boldsymbol{g}(\boldsymbol{x}(k^+)), \tag{8.27} $$

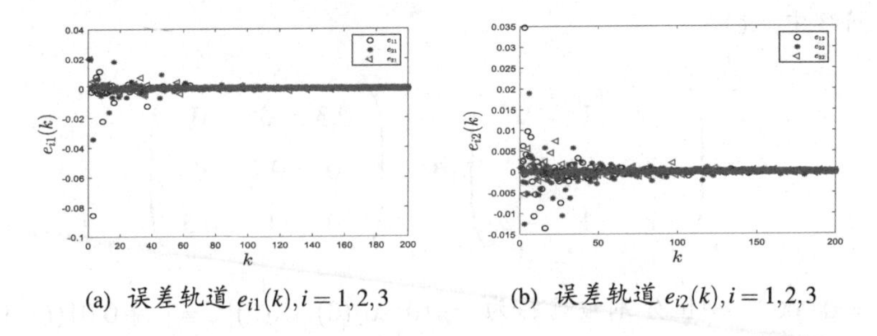

(a) 误差轨道 $e_{i1}(k), i=1,2,3$ (b) 误差轨道 $e_{i2}(k), i=1,2,3$

图 8.4 拓扑结构未知时，在控制器 (8.19) 的作用下，网络 (8.8) 和网络 (8.26) 的误差轨道

其中 $\boldsymbol{x}(k)=[x_1(k),x_2(k),x_3(k)]^{\mathrm{T}}$,

$$\boldsymbol{B}=\begin{pmatrix} 1-ah & ah & 0 \\ ch & 1-h & 0 \\ 0 & 0 & 1-bh \end{pmatrix},$$

且

$$\boldsymbol{g}(\boldsymbol{x}(k^+))=\begin{bmatrix} 0 \\ -hx_1(k^+)x_3(k^+) \\ hx_1(k^+)x_2(k^+) \end{bmatrix},$$

其中 $h=0.01, a=10, b=\dfrac{8}{3}, c=28$. 当分数阶阶数为 $v=0.92$ 和 $v=0.998$ 时，图 8.5 给出了离散分数阶复杂网络的相图.

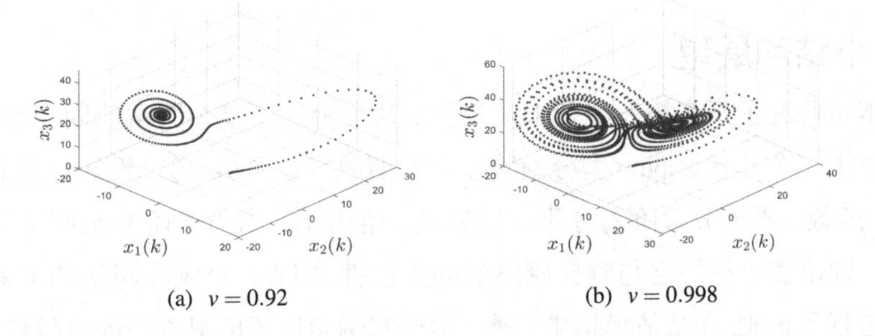

(a) $v=0.92$ (b) $v=0.998$

图 8.5 当 $[x_1(0),x_2(0),x_3(0)]^{\mathrm{T}}=[1,1,1]^{\mathrm{T}}$ 和不同分数阶时，离散分数阶 Lorenz 系统的相位图

在网络中，选取

$$C=\begin{pmatrix}-2 & 1 & 1\\ 1 & -2 & 1\\ 1 & 1 & -2\end{pmatrix},A=\begin{pmatrix}0.3 & 0 & 0\\ 0 & 0.2 & 0\\ 0 & 0 & 0.5\end{pmatrix},$$

其中 $\varepsilon=0.0002$. 初值分别被选择为 $[x_{i1}(0),x_{i2}(0),x_{i3}(0)]^{\mathrm{T}}=[1+0.01(i-1),1+0.01(i-1),1+0.01(i-1)]^{\mathrm{T}}$ 和 $[y_{i1}(0),y_{i2}(0),y_{i3}(0)]^{\mathrm{T}}=[1.2+0.1(i-2),1.2+0.1(i-2),1.2+0.1(i-2)]^{\mathrm{T}}$, $i=1,2,3$.

在图 8.6 和图 8.7 中给出了拓扑结构已知和未知时, 同步误差 $e_{i1}(k)$, $e_{i2}(k)$ 和 $e_{i3}(k)$ 的变化情况. 显然，离散分数驱动网络与响应网络之间的同步是可以实现的. 从图 8.8 可以看出, 不同的分数阶阶数下，拓扑结构都可以被成功识别, 并且阶数可以影响识别的速度.

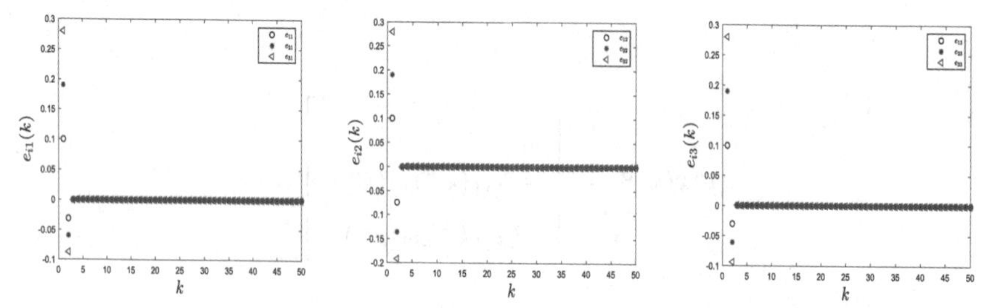

(a) 误差轨道 $e_{i1}(k),i=1,2,3$ (b) 误差轨道 $e_{i2}(k),i=1,2,3$ (c) 误差轨道 $e_{i3}(k),i=1,2,3$

图 8.6 拓扑结构已知时，例 8.2 中的误差轨道

8.5 小结和展望

本章研究了不带拓扑和带未知拓扑的离散分数阶复杂网络的同步问题. 首先构造了一个具有 Caputo 型分数阶差分的离散复杂网络. 通过设计合适的 Lyapunov 函数，根据分数阶差分不等式原理，给出了离散分数阶复杂网络同步的框架，讨论了驱动网络与响应网络的同步条件. 同时，对响应网络的未知拓扑结构进行了识别. 在数值模拟中，通过两个算例验证了所提方法的有效性. 结果表明，本章提出的策略具有很强的鲁棒性.

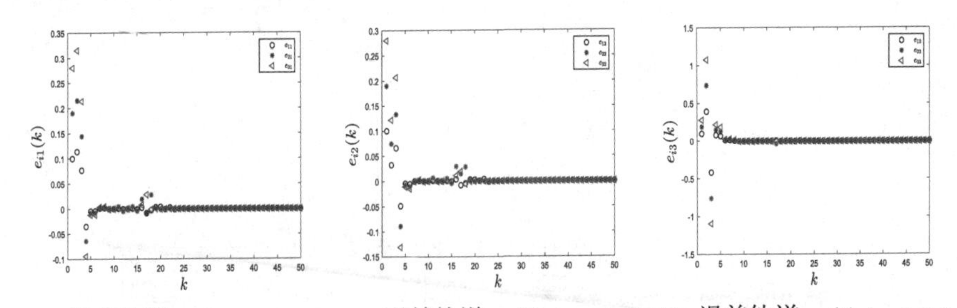

(a) 误差轨道 $e_{i1}(k), i = 1,2,3$ (b) 误差轨道 $e_{i2}(k), i = 1,2,3$ (c) 误差轨道 $e_{i3}(k), i = 1,2,3$

图 8.7 拓扑结构未知时，例 8.2 中的误差轨道

离散分数阶导数可以为复杂网络的动力学提供新的见解. 毫无疑问，在真实的复杂网络中，时间延迟是不可避免的，具有时间延迟的离散分数阶复杂网络的同步是一个非常有趣的话题，值得进一步考虑.

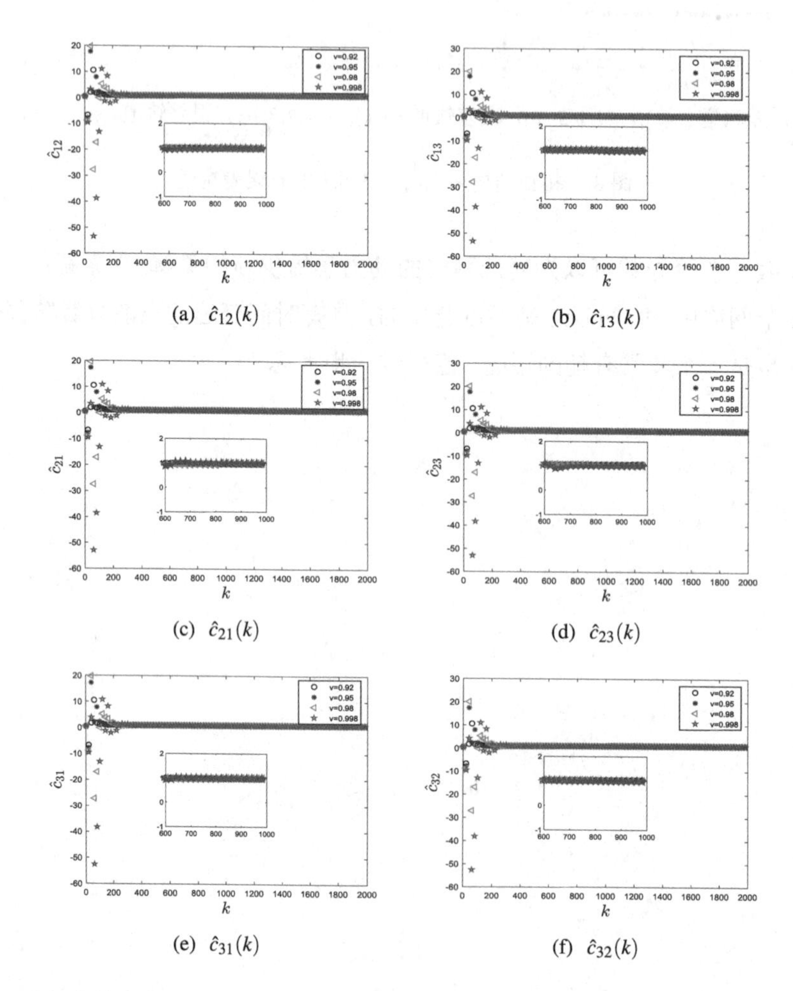

(a) $\hat{c}_{12}(k)$　(b) $\hat{c}_{13}(k)$

(c) $\hat{c}_{21}(k)$　(d) $\hat{c}_{23}(k)$

(e) $\hat{c}_{31}(k)$　(f) $\hat{c}_{32}(k)$

图 8.8 当拓扑结构未知和 $v = 0.92, 0.95, 0.98, 0.998$ 时，控制器 (8.19) 作用下例 8.2 中未知拓扑的时间演化

参考文献

[1] Duncan J. Watts, Steven H. Strogatz. Collective dynamics of 'small-world' networks [J]. Nature, 1998, 393(6684): 440–442.

[2] Albert-László Barabási, Réka Albert. Emergence of scaling in random networks [J]. Science, 1999, 286(5439): 509–512.

[3] Xiaofan Wang, Guanrong Chen. Pinning control of scale-free dynamical networks [J]. Physica A, 2002, 310(3-4): 521–531.

[4] Zhengping Fan, Guanrong Chen. Pinning control of scale-free complex networks [J]. In 2005 IEEE International Symposium on Circuits and Systems (ISCAS). IEEE, 2005: 284–287.

[5] Vitali Davidovich Milman, Anatolii Dmitrievich Myshkis. On the stability of motion in the presence of impulses [J]. Sibirskii Matematicheskii Zhurnal, 1960, 1(2): 233–237.

[6] Vangipuram Lakshmikantham, Pavel S. Simeonov, et al. Theory of impulsive differential equations, volume 6 [M]. World Scientific, 1989.

[7] Tao Yang. Impulsive control theory, volume 272 [M]. Springer Science & Business Media, 2001.

[8] Igor Podlubny. Fractional differential equations [M]. In Mathematics in Science and Engineering, volume 198. Academic Press, 1999.

[9] Changpin Li, Weihua Deng. Remarks on fractional derivatives [J]. Applied Mathematics and Computation, 2007, 187(2): 777–784.

[10] 吴强，黄建华. 分数阶微积分 [M]. 北京: 清华大学出版社, 2016.

[11] Yan Li, YangQuan Chen, Igor Podlubny. Mittag–Leffler stability of fractional order nonlinear dynamic systems [J]. Automatica, 2009, 45(8): 1965–1969.

[12] 王小东. Riemann-Liouville 分数阶微积分及其性质证明 [D]. 太原: 太原理工大学, 2008.

[13] S. Jerome, Keith B. Oldham. The fractional calculus [M]. London: Academic Press, Inc, 1974.

[14] 梁家辉. Caputo 分数阶导数的一些性质 [J]. 数学的实践与认识, 2021, 51(9): 256–269.

[15] Dumitru Baleanu, Juan I. Trujillo. A new method of finding the fractional Euler–Lagrange and Hamilton equations within Caputo fractional derivatives [J]. Communications in Nonlinear Science and Numerical Simulation, 2010, 15(5): 1111–1115.

[16] Denis Matignon. Stability results for fractional differential equations with applications to control processing [C]. Computational Engineering in Systems Applications, 1996, 2(1): 963–968.

[17] Yiheng Wei, Jinde Cao, Yuquan Chen, Yingdong Wei. The proof of Lyapunov asymptotic stability theorems for Caputo fractional order systems [J]. Applied Mathematics Letters, 2022, 129: 107961.

[18] Weihua Deng, Changpin Li, Jinhu Lü. Stability analysis of linear fractional differential system with multiple time delays [J]. Nonlinear Dynamics, 2007, 48(4): 409–416.

[19] MJ Phillips. Transform methods with applications to engineering and operations research [J]. Journal of the Operational Research Society, 1978, 29(10): 1038–1039.

[20] Hu Wang, Yongguang Yu, Guoguang Wen, et al. Global stability analysis of fractional-order hopfield neural networks with time delay [J]. Neurocomputing, 2015, 154: 15–23.

[21] Kai Diethelm, Neville J. Ford, Alan D. Freed. A predictor-corrector approach for the numerical solution of fractional differential equations [J]. Nonlinear Dynamics, 2002, 29(1): 3–22.

[22] Yongguang Yu, Hanxiong Li, Sha Wang, et al. Dynamic analysis of a fractional-order Lorenz chaotic system [J]. Chaos, Solitons & Fractals, 2009, 42(2): 1181–1189.

[23] Junguo Lu, Guanrong Chen. A note on the fractional-order Chen system [J]. Chaos, Solitons & Fractals, 2006, 27(3): 685–688.

[24] Xiangrong Chen, Chongxin Liu, Faqiang Wang. Circuit realization of the fractional-order unified chaotic system [J]. Chinese Physics B, 2008, 17(5): 1664.

[25] Changpin Li, Weihua Deng, D. Xu. Chaos synchronization of the Chua system with a fractional order [J]. Physica A: Statistical Mechanics and its Applications, 2006, 360(2): 171–185.

[26] Louis M. Pecora, Thomas L. Carroll. Synchronization in chaotic systems [J]. Physical Review Letters, 1990, 64(8): 821.

[27] Louis M. Pecora, Thomas L. Carroll. Driving systems with chaotic signals [J]. Physical Review A, 1991, 44(4): 2374.

[28] Yun Chen, Xiaofeng Wu, Zhong Liu. Global chaos synchronization of electro-mechanical gyrostat systems via variable substitution control [J]. Chaos, Solitons & Fractals, 2009, 42(2): 1197–1205.

[29] Junan Lu, Xiaoqun Wu, Jinhu Lü. Synchronization of a unified chaotic system and the application in secure communication [J]. Physics Letters A, 2002, 305(6): 365–370.

[30] H. N. Agiza. Chaos synchronization of Lü dynamical system [J]. Nonlinear Analysis: Theory, Methods & Applications, 2004, 58(1-2): 11–20.

[31] Xiaofeng Wu, Yi Zhao, Xiaohua Huang. Some new criteria for lag synchronization of chaotic lur'e systems by replacing variables control [J]. Journal of Control Theory and Applications, 2004, 2(3): 259–266.

[32] Elmetwally M. Elabbasy, H. N. Agiza, M. M. El-Dessoky. Synchronization of modified chen system [J]. International Journal of Bifurcation and Chaos, 2004, 14(11): 3969–3979.

[33] Xiaoqun Wu, Yanan Li, Juan Wei, et al. Inter-layer synchronization in two-layer networks via variable substitution control [J]. Journal of the Franklin Institute, 2020, 357(4): 2371–2387.

[34] Gangquan Si, Zhiyong Sun, Hongying Zhang, et al. Parameter estimation and topology identification of uncertain fractional order complex networks [J]. Communications in Nonlinear Science and Numerical Simulation, 2012, 17(12): 5158–5171.

[35] Xiaojuan Chen, Jun Zhang, Tiedong Ma. Parameter estimation and topology identification of uncertain general fractional-order complex dynamical networks with time delay [J]. IEEE/CAA Journal of Automatica Sinica, 2016, 3(3): 295–303.

[36] Jing Bai, Huaiqin Wu, Jinde Cao. Topology identification for fractional complex networks with synchronization in finite time based on adaptive observers and event-triggered control [J]. Neurocomputing, 2022.

[37] Shuaibing Zhu, Jin Zhou, Junan Lu. Identifying partial topology of complex dynamical networks via a pinning mechanism [J]. Chaos, 2018, 28(4): 043108.

[38] Weiyuan Ma, Changpin Li, Yujiang Wu, et al. Adaptive synchronization of fractional neural networks with unknown parameters and time delays [J]. Entropy, 2014, 16(12): 6286–6299.

[39] Yajuan Gu, Yongguang Yu, Hu Wang. Synchronization-based parameter estimation of fractional-order neural networks [J]. Physica A: Statistical Mechanics and its Applications, 2017, 483: 351–361.

[40] Ahmed Ezzat Matouk. A novel fractional-order system: Chaos, hyperchaos and applications to linear control [J]. Journal of Applied and Computational Mechanics, 2021, 7(2): 701–714.

[41] Anatoly A. Kilbas, Oleg I. Marichev, Stefan G. Samko. Fractional integrals and derivatives: theory and applications [M]. Minsk Nauka I Tekhnika, 1993.

[42] 徐明瑜, 谭文长. 中间过程、临界现象 – 分数阶算子理论、方法、进展及其在现代力学中的应用 [J].中国科学 G 辑, 2006, 36: 225–238.

[43] Ting Yang, Yuqing Niu, Jiexiao Yu. Clock synchronization in wireless sensor networks based on bayesian estimation [J]. IEEE Access, 2020, 8: 69683–69694.

[44] Shuaibing Zhu, Jin Zhou, Xinghuo Yu, et al. Bounded synchronization of heterogeneous complex dynamical networks: A unified approach [J]. IEEE Transactions on Automatic Control, 2020, 66(4): 1756–1762.

[45] Mou Wu, Naixue Xiong, Athanasios V. Vasilakos, et al. Rnn-k: A reinforced newton method for consensus-based distributed optimization and control over multiagent systems [J]. IEEE Transactions on Cybernetics, 2020, 52(5): 4012–4026.

[46] I. A. Korneev, V. V. Semenov, A. V. Slepnev, et al. Complete synchronization of chaos in systems with nonlinear inertial coupling [J]. Chaos, Solitons & Fractals, 2021, 142: 110459.

[47] Ranjib Banerjee, Ioan Grosu, Syamal K. Dana. Antisynchronization of two complex dynamical networks [C]. In Complex Sciences: First International Conference, Berlin: Springer, 2009: 1072–1082.

[48] Wang Li, Lingzhi Zhao, Hongjun Shi, et al. Realizing generalized outer synchronization of complex dynamical networks with stochastically adaptive coupling [J]. Mathematics and Computers in Simulation, 2021, 187: 379–390.

[49] Linhao Zhao, Jinliang Wang. Lag $\mathscr{H}_\infty$ synchronization and lag synchronization for multiple derivative coupled complex networks [J]. Neurocomputing, 2020, 384: 46–56.

[50] Zhanfeng Sun, Lina Si, Zhanlei Shang, et al. Finite-time synchronization of chaotic pmsm systems for secure communication and parameters identification [J]. Optik, 2018, 157: 43–55.

[51] Quanjun Wu, Hua Zhang, Li Xu, et al. Finite-time synchronization of general complex dynamical networks [J]. Asian Journal of Control, 2015, 17(5): 1643–1653.

[52] Chuan Chen, Lixiang Li, Haipeng Peng, et al. A new fixed-time stability theorem and its application to the fixed-time synchronization of neural networks [J]. Neural Networks, 2020, 123: 412–419.

[53] Y. Y. Sun. A finite-time synchronization scheme for complex networks [J]. Chemical Engineering Transactions, 2016, 51: 787–792.

[54] Yanli Huang, Fang Wu. Finite-time passivity and synchronization of coupled complex-valued memristive neural networks [J]. Information Sciences, 2021, 580: 775–800.

[55] Rakesh Kumar, Umesh Kumar, Subir Das, et al. Effects of heterogeneous impulses on synchronization of complex-valued neural networks with mixed time-varying delays [J]. Information Sciences, 2021, 551: 228–244.

[56] Xinsong Yang, Jinde Cao. Finite-time stochastic synchronization of complex networks [J]. Applied Mathematical Modelling, 2010, 34(11): 3631–3641.

[57] Xiaoyang Liu, Daniel WC Ho, Qiang Song, et al. Finite/fixed-time pinning synchronization of complex networks with stochastic disturbances [J]. IEEE Transactions on Cybernetics, 2018, 49(6): 2398–2403.

[58] Yanchao Shi, Jinde Cao. Finite-time synchronization of memristive cohen–grossberg neural networks with time delays [J]. Neurocomputing, 2020, 377: 159–167.

[59] Liyan Duan, Junmin Li. Fixed-time synchronization of fuzzy neutral-type bam memristive inertial neural networks with proportional delays [J]. Information Sciences, 2021, 576: 522–541.

[60] Chuan Zhang, Xingyuan Wang, Salahuddin Unar, et al. Finite-time synchronization of a class of nonlinear complex-valued networks with time-varying delays [J]. Physica A: Statistical Mechanics and its Applications, 2019, 528: 120985.

[61] Bin Yang, Xin Wang, Jianan Fang, et al. The impact of coupling function on finite-time synchronization dynamics of multi-weighted complex networks with switching topology [J]. Complexity, 2019, 2019: 7276152.

[62] Ying Guo, Bingdao Chen, Yongbao Wu. Finite-time synchronization of stochastic multi-links dynamical networks with markovian switching topologies [J]. Journal of the Franklin Institute, 2020, 357(1): 359–384.

[63] Xinsong Yang, Daniel WC Ho, Jianquan Lu, et al. Finite-time cluster synchronization of T–S fuzzy complex networks with discontinuous subsystems and random coupling delays [J]. IEEE Transactions on Fuzzy Systems, 2015, 23(6): 2302–2316.

[64] Wanli Zhang, Chuandong Li, Xing He, et al. Finite-time synchronization of complex networks with non-identical nodes and impulsive disturbances [J]. Modern Physics Letters B, 2018, 32(01): 1850002.

[65] Changsong Zhou, Lucia Zemanová, Gorka Zamora-Lopez, et al. Structure–function relationship in complex brain networks expressed by hierarchical synchronization [J]. New Journal of Physics, 2007, 9(6): 178.

[66] Pengfei Xia, Shengli Zhou, Georgios B Giannakis. Adaptive mimo-ofdm based on partial channel state information [J]. IEEE Transactions on Signal Processing, 2004, 52(1): 202–213.

[67] Chi Huang, Daniel W. C. Ho, Jianquan Lu. Partial-information-based distributed filtering in two-targets tracking sensor networks [J]. IEEE Transactions on Circuits and Systems I: Regular Papers, 2012, 59(4): 820–832.

[68] Chi Huang, Daniel W. C. Ho, Jianquan Lu. Partial-information-based synchronization analysis for complex dynamical networks [J]. Journal of the Franklin Institute, 2015, 352(9): 3458–3475.

[69] Lulu Li, Xiaoyang Liu, Wei Huang. Event-based bipartite multi-agent consensus with partial information transmission and communication delays under antagonistic interactions [J]. Science China Information Sciences, 2020, 63: 1–13.

[70] Anatoliĭ Kilbas. Theory and applications of fractional differential equations [M]. Elsevier: Amsterdam, Netherlands, 2006.

[71] Yao Chen, Jinhu Lü. Finite time synchronization of complex dynamical networks [J]. Journal of Systems Science and Mathematical Sciences, 2009, 29(10): 1419.

[72] Yuanyuan Li, Jing Zhang, Jianquan Lu, et al. Finite-time synchronization of complex networks with partial communication channels failure [J]. Information Sciences, 2023, 634: 539–549.

[73] Farzad Sabzikar, Mark M. Meerschaert, Jinghua Chen. Tempered fractional calculus [J]. Journal of Computational Physics, 2015, 293: 14–28.

[74] Rosario N. Mantegna, H. Eugene Stanley. Stochastic process with ultraslow convergence to a Gaussian: the truncated Lévy flight [J]. Physical Review Letters, 1994, 73(22): 2946.

[75] Ismo Koponen. Analytic approach to the problem of convergence of truncated Lévy flights towards the Gaussian stochastic process [J]. Physical Review E, 1995, 52(1): 1197.

[76] Álvaro Cartea, Diego del Castillo-Negrete. Fluid limit of the continuous-time random walk with general Lévy jump distribution functions [J]. Physical Review E, 2007, 76(4): 041105.

[77] Alvaro Cartea, Diego del Castillo-Negrete. Fractional diffusion models of option prices in markets with jumps [J]. Physica A: Statistical Mechanics and its Applications, 2007, 374(2): 749–763.

[78] A Hanyga. Wave propagation in media with singular memory [J]. Mathematical and Computer Modelling, 2001, 34(12-13): 1399–1421.

[79] Mark M. Meerschaert, Yong Zhang, Boris Baeumer. Tempered anomalous diffusion in heterogeneous systems [J]. Geophysical Research Letters, 2008, 35(17).

[80] Mark M. Meerschaert, Farzad Sabzikar, Mantha S. Phanikumar, et al. Tempered fractional time series model for turbulence in geophysical flows [J]. Journal of Statistical Mechanics: Theory and Experiment, 2014, 2014(9): 09023.

[81] Hongming Liu, Weigang Sun, Ghada Al-mahbashi. Parameter identification based on lag synchronization via hybrid feedback control in uncertain drive-response dynamical networks [J]. Advances in Difference Equations, 2017, 2017: 122.

[82] Di Ning, Xiaoqun Wu, Junan Lu, et al. Driving-based generalized synchronization in two-layer networks via pinning control [J]. Chaos, 2015, 25(11): 113104.

[83] Qiang Song, Jinde Cao. On pinning synchronization of directed and undirected complex dynamical networks [J]. IEEE Transactions on Circuits and Systems I: Regular Papers, 2009, 57(3): 672–680.

[84] Can Li, Weihua Deng, Lijing Zhao. Well-posedness and numerical algorithm for the tempered fractional ordinary differential equations [J]. Discrete and Continuous Dynamical Systems, 2019, 24(4): 1989-2015.

[85] Hsien-Keng Chen, Ching-I Lee. Anti-control of chaos in rigid body motion [J]. Chaos, Solitons & Fractals, 2004, 21(4): 957–965.

[86] Mehdi Rahimy. Applications of fractional differential equations [J]. Applied Mathematical Sciences, 2010, 4(50): 2453–2461.

[87] JATMJ Sabatier, Ohm Parkash Agrawal, JA Tenreiro Machado. Advances in fractional calculus, volume 4 [M]. Berlin: Springer, 2007.

[88] A Kilbas Anatoly. Hadamard-type fractional calculus [J]. Journal of the Korean Mathematical Society, 2001, 38(6): 1191–1204.

[89] Ziqing Gong, Deliang Qian, Changpin Li, et al. On the Hadamard type fractional differential system [M]. In Fractional Dynamics and Control. Berlin: Springer, 2012: 159–171.

[90] Changpin Li, Zhiqiang Li. Stability and logarithmic decay of the solution to Hadamard-type fractional differential equation [J]. Journal of Nonlinear Science, 2021, 31(2): 1–60.

[91] Li Ma, Changpin Li. On Hadamard fractional calculus [J]. Fractals, 2017, 25(03): 1750033.

[92] Bashir Ahmad, Ahmed Alsaedi, Sotiris K Ntouyas, et al. Hadamard-type fractional differential equations, inclusions and inequalities [M], volume 10. Berlin: Springer, 2017.

[93] Roberto Garra, Francesco Mainardi, Giorgio Spada. A generalization of the lomnitz logarithmic creep law via Hadamard fractional calculus [J]. Chaos, Solitons & Fractals, 2017, 102: 333–338.

[94] Fahd Jarad, Thabet Abdeljawad, Dumitru Baleanu. Caputo-type modification of the Hadamard fractional derivatives [J]. Advances in Difference Equations, 2012, 2012: 142.

[95] Li Ma. Comparison theorems for Caputo–Hadamard fractional differential equations [J]. Fractals, 2019, 27(03): 1950036.

[96] Changpin Li, Zhiqiang Li, Zhen Wang. Mathematical analysis and the local discontinuous galerkin method for Caputo–Hadamard fractional partial differential equation [J]. Journal of Scientific Computing, 2020, 85(2): 1–27.

[97] Guangsheng Chen. A generalized young inequality and some new results on fractal space [J]. arXiv preprint arXiv: 1107.5222, 2011.

[98] Hassan K Khalil. Nonlinear systems (third edition) [M]. Prentice Hall, volume 115. 2002.

[99] Madiha Gohar, Changpin Li, Chuntao Yin. On Caputo–Hadamard fractional differential equations [J]. International Journal of Computer Mathematics, 2020, 97(7): 1459–1483.

[100] Yi Chai, Liping Chen, Ranchao Wu, et al. Adaptive pinning synchronization in fractional-order complex dynamical networks [J]. Physica A: Statistical Mechanics and its Applications, 2012, 391(22): 5746–5758.

[101] Romualdo Pastor-Satorras, Alessandro Vespignani. Epidemic spreading in scale-free networks [J]. Physical Review Letters, 2001, 86(14): 3200.

[102] Gergely Palla, Imre Derényi, Illés Farkas, et al. Uncovering the overlapping community structure of complex networks in nature and society [J]. Nature, 2005, 435(7043): 814–818.

[103] Jiyang Chen, Chuandong Li, Xujun Yang. Global Mittag–Leffler projective synchronization of nonidentical fractional-order neural networks with delay via sliding mode control [J]. Neurocomputing, 2018, 313: 324–332.

[104] Yang Tang, Feng Qian, Huijun Gao, et al. Synchronization in complex networks and its application–a survey of recent advances and challenges [J]. Annual Reviews in Control, 2014, 38(2): 184–198.

[105] Zhiming Li, Weiyuan Ma, Nuri Ma. Partial topology identification of tempered fractional-order complex networks via synchronization method [J]. Mathematical Methods in the Applied Sciences, 2023, 46(3): 3066–3079.

[106] Weiyuan Ma, Changpin Li, Yujiang Wu, et al. Synchronization of fractional fuzzy cellular neural networks with interactions [J]. Chaos, 2017, 27(10): 103106.

[107] Fei Sun, Haipeng Peng, Qun Luo, et al. Parameter identification and projective synchronization between different chaotic systems [J]. Chaos, 2009, 19(2): 023109.

[108] Hui Liu, Junan Lu, Jinhu Lü, et al. Structure identification of uncertain general complex dynamical networks with time delay [J]. Automatica, 2009, 45(8): 1799–1807.

[109] Shuaibing Zhu, Jin Zhou, Guanrong Chen, et al. A new method for topology identification of complex dynamical networks [J]. IEEE Transactions on Cybernetics, 2019, 51(4): 2224–2231.

[110] Guocheng Wu, Dumitru Baleanu, Weihua Luo. Lyapunov functions for Riemann–Liouville-like fractional difference equations [J]. Applied Mathematics and Computation, 2017, 314: 228–236.

[111] Anbalagan Pratap, Ramachandran Raja, Jinde Cao, et al. Stability of discrete-time fractional-order time-delayed neural networks in complex field [J]. Mathematical Methods in the Applied Sciences, 2021, 44(1): 419–440.

[112] Dumitru Baleanu, Guocheng Wu, Yunru Bai, et al. Stability analysis of Caputo–like discrete fractional systems [J]. Communications in Nonlinear Science and Numerical Simulation, 2017, 48: 520–530.

[113] Yingdong Wei, Yiheng Wei, Yuquan Chen, et al. Mittag–leffler stability of Nabla discrete fractional-order dynamic systems [J]. Nonlinear Dynamics, 2020, 101: 407–417.

[114] Hui Li, Yonggui Kao. Synchronous stability of the fractional-order discrete-time dynamical network system model with impulsive couplings [J]. Neurocomputing, 2019, 363: 205–211.

[115] Yajuan Gu, Hu Wang, Yongguang Yu. Synchronization for fractional-order discrete-time neural networks with time delays [J]. Applied Mathematics and Computation, 2020, 372: 124995.

[116] Ferhan M. Atıcı, Paul W. Eloe. Gronwall's inequality on discrete fractional calculus [J]. Computers & Mathematics with Applications, 2012, 64(10): 3193–3200.

[117] Joaquín B. Díaz, T. J. Osler. Differences of fractional order [J]. Mathematics of Computation, 1974, 28(125): 185–202.

[118] Changpin Li, Li Ma, Huang Xiao. Anti-control of chaos in fractional difference equations [C]. In International Design Engineering Technical Conferences and Computers and Information in Engineering Conference, volume 55911. American Society of Mechanical Engineers, 2013: V004T08A027.

[119] Huang Xiao, Yutian Ma, Changpin Li. Chaotic vibration in fractional maps [J]. Journal of Vibration and Control, 2014, 20(7): 964–972.

[120] Yiheng Wei. Lyapunov stability theory for nonlinear Nabla fractional order systems [J]. IEEE Transactions on Circuits and Systems II: Express Briefs, 2021, 68(10): 3246–3250.

[121] Amina-Aicha Khennaoui, Adel Ouannas, Samir Bendoukha, et al. On fractional–order discrete–time systems: Chaos, stabilization and synchronization [J]. Chaos, Solitons & Fractals, 2019, 119: 150–162.

[122] P. Balasubramaniam, L. Jarina Banu. Synchronization criteria of discrete-time complex networks with time-varying delays and parameter uncertainties [J]. Cognitive Neurodynamics, 2014, 8: 199–215.

[123] Bo Shen, Zidong Wang, Xiaohui Liu. Bounded H_∞ synchronization and state estimation for discrete time-varying stochastic complex networks over a finite horizon [J]. IEEE Transactions on Neural Networks, 2010, 22(1): 145–157.

[124] Guocheng Wu, Dumitru Baleanu. Chaos synchronization of the discrete fractional logistic map [J]. Signal Processing, 2014, 102: 96–99.

[125] Weiyuan Ma, Zhiming Li, Nuri Ma. Synchronization of discrete fractional-order complex networks with and without unknown topology [J]. Chaos, 2022, 32(1): 013112.

[126] Thabet Abdeljawad. On riemann and caputo fractional differences [J]. Computers & Mathematics with Applications, 2011, 62(3): 1602–1611.

[127] Luis Franco-Perez, Guillermo Fernandez-Anaya, Luis Alberto Quezada-Téllez. On stability of nonlinear nonautonomous discrete fractional caputo systems [J]. Journal of Mathematical Analysis and Applications, 2020, 487(2): 124021.

[128] Stephen Boyd, Laurent El Ghaoui, Eric Feron, et al. Linear Matrix Inequalities in System and Control Theory [M]. SIAM, 1994.